○ スラスラ読める ○

ふりがな
[FURI] [GANA]
プログラミング

リブロワークス・著

インプレス

著者プロフィール

リブロワークス

書籍の企画、編集、デザインを手がけるプロダクション。手がける書籍はスマートフォン、Webサービス、プログラミング、WebデザインなどIT系を中心に幅広い。最近の著書は『マンガと図解でスッキリわかる プログラミングのしくみ』(MdN)、『48歳からのiPad入門 改訂版』(インプレス)、『LINE/Facebook/Twitter/Instagramの「わからない！」をぜんぶ解決する本』(洋泉社)、『JavaScript 1年生』(翔泳社) など。
http://www.libroworks.co.jp/

執筆協力：古川順平

本書はExcel VBAについて、2018年9月時点での情報を掲載しています。
本文内の製品名およびサービス名は、一般に各開発メーカーおよびサービス提供元の登録商標または商標です。
なお、本文中にはTMおよびRマークは明記していません。

はじめに

Excel用のマクロを書くためのExcel VBAは密かに人気が高い言語です。Excel
ユーザーはものすごく多いですから不思議はありませんね。ですので、Excel
VBAを解説する書籍もこれまでにたくさん刊行されています。その内容も、基礎
文法をしっかり学んでいく本から、意味がわからなくてもコピペするだけで使え
るマクロ集までさまざまです。

本書は、『ふりがなプログラミング』シリーズの一冊として、「ふりがな」と「読
み下し文」という手法でExcel VBAを解説します。プログラム（マクロ）にふり
がなを振ると聞くと奇妙に感じる方もいるかもしれません。でも、「一回説明し
たから覚えてね」を「覚えるまで何度でも繰り返し説明するよ」に切り替えて、
そのためのスペースを確保するために「ふりがな」という手法を取っただけです。
その派生効果として、サンプルプログラムが平均して10行前後まで短くなり、「経
験者からすると当たり前」なことを細かく言葉で説明できるようになりました。
本書のコンセプトは、Excelのマクロのように「具体的な手順」を書いていく
プログラムとは相性が抜群です。

全5章のうち、Chapter 1〜3まではExcel VBAの基本文法を説明し、
Chapter 4〜5で実際にExcelを操作する方法を解説していきます。できれば先
頭から順に読み進めてほしいのですが、飽きてきたなと思ったらChapter 2、3
の後半を飛ばして（各章の前半は基礎なので必ず読んでください）、実用的な
Chapter 4に進んでみるのも1つの手です。とにかく最後まで読み通すことが大
事です。

もしすでにExcel VBAのマクロ集をお持ちでしたら、ぜひ本書を参考にふりが
なを振り、読み下し文を書き起こしてみてください。これまで意味不明だったマ
クロが別の形で見えてくるはずです。

本書が日々のルーチンワークを改善する一助となれば幸いです。

2018年9月　リブロワークス

CONTENTS

著者紹介 002

はじめに 003

Chapter 1

Excel VBA最初の一歩 009

01　Excel VBAってどんなもの？ 010

02　本書の読み進め方 012

03　VBAを書くための準備 014

04　最初のマクロを入力する 018

05　Subとプロシージャ 024

06　演算子を使って計算する 026

07　長い数式を入力する 030

08　変数を使って計算する 036

09　変数の命名ルールとスペースの入れどころ ... 042

10　データの入力を受け付ける 046

11　メソッドと関数の読み方 050

12　エラーに対処しよう① 054

13　復習ドリル 058

Chapter 2

条件によって分かれる文を学ぼう —— 059

01	条件分岐ってどんなもの？	060
02	入力されたものが数値かどうか調べる	062
03	数値が入力されたら計算する	064
04	数値が入力されていないときに警告する	068
05	比較演算子で大小を判定する	072
06	3段階以上に分岐させる	076
07	条件分岐の中に条件分岐を書く	080
08	複数の比較式を組み合わせる	082
09	年齢層を分析するマクロを作ってみよう	086
10	エラーに対処しよう②	092
11	復習ドリル	094

Chapter 3

繰り返し文を学ぼう —— 097

01	繰り返し文ってどんなもの？	098
02	条件式を使って繰り返す	100
03	仕事を10回繰り返す	104

04	10～1へ逆順で繰り返す	108
05	繰り返し文を2つ組み合わせて九九の表を作る	110
06	配列に複数のデータを記憶する	114
07	配列の内容を繰り返し文を使って表示する	118
08	総当たり戦の表を作ろう	120
09	エラーに対処しよう③	126
10	復習ドリル	128

Chapter 4

Excelのシートやセルを操作しよう — 131

01	オブジェクト、メソッド、プロパティ……って何？	132
02	プロパティを使ってセルの値を書き替える	134
03	いろいろなプロパティでセルを設定してみよう	138
04	メソッドを使ってセルのクリアや削除を実行する	140
05	メソッドの引数を指定するときの作法を知っておこう	142
06	引数が多いAutoFilterメソッドを使ってみよう	146
07	オブジェクトと変数や繰り返し文を組み合わせよう	150
08	エラーに対処しよう④	154
09	復習ドリル	156

Chapter 5

オブジェクトを調べてVBAを使いこなそう ── 159

01	オブジェクトの知識が増えると「できること」も増える	160
02	「マクロの記録」機能を使ってみよう	162
03	「表」を自動的に選択してマクロを実行する	168
04	新しいシートを追加してみよう	172
05	コピー&貼り付けを極めよう	176
06	一連の操作をつなげた大きめなマクロを作ろう	180
07	余分なシートを削除してみよう	186
08	エラーに対処しよう⑤	190
09	オブジェクトについての辞書の引き方・調べ方	192

あとがき（本書を読み終えたあとに）	196
索引	197
サンプルファイル案内・スタッフ紹介	199

プログラムの読み方

本書では、プログラム（ソースコード）に日本語の意味を表す「ふりがな」を振り、さらに文章として読める「読み下し文」を付けています。ふりがなを振る理由については12ページをお読みください。また、サンプルファイルのダウンロードについては199ページで案内しています。

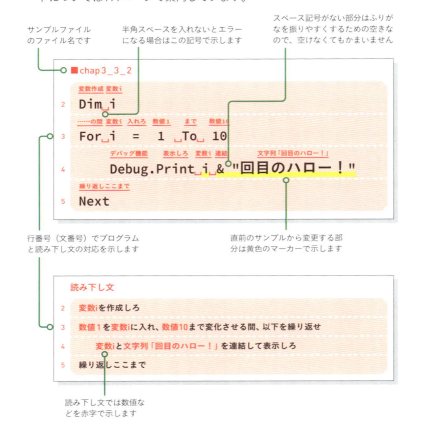

Excel VBA
FURIGANA PROGRAMMING

Chapter 1

Excel VBA
最初の一歩

NO 01　Excel VBAって どんなもの？

今日は一日中Excel触っているみたいだけど、何してるの？

別のシートからデータをコピーして書式を設定して、シートからデータをコピーして書式を設定して……を朝から繰り返してます

それはマクロを作ったほうがいいんじゃないかな……

マクロとExcel VBA

　表計算ソフトのExcelは、今やオフィスに欠かせない「文房具」の1つといっていいでしょう。ただし、気が付いてみると、**Excelに向かって毎日ほとんど同じ操作を繰り返している**という人も少なくないのではないでしょうか？　それではExcelを使っているのではなく、Excelに使われているようなものです。

　そこでおすすめしたいのが「マクロ」の作成です。マクロとは、**アプリに最初から備わっている機能を組み合わせて作った「自分専用の機能」**のことです。そのExcelのマクロを書くためのマクロ言語が、本書で解説するVBA（Visual Basic for Applications）なのです。

　値や数式の入力、セルの挿入／削除、書式設定といったあらゆる機能が、VBAで実行できます。ですから、VBAを自由に使いこなすことができれば、普段手作業で行っている日常的な作業のほとんどを自動化できます。

時間のかかる手作業
- ❶集計
- ❷コピー
- ❸書式設定

VBAで自動化
- ❶マクロを実行
  - マクロ
  - ・集計
  - ・コピー
  - ・書式設定

VBAで書いたマクロ

VBAは資料がたくさんある

　VBA自体は1990年代に生まれましたが、教育用言語として1970年代に活躍したBASIC（ベーシック）を起源としています。今となっては古さを感じさせる部分もありますが、比較的覚えやすいプログラミング言語です。

　ただし、言語としての特徴よりも重要なのは、Web上の記事や入門書がとても多いという点でしょう。しかも、プログラミング未経験者を対象にしたものが大半なので、Excelというアプリがいかに一般に浸透しているかを感じさせます。

　本書でVBAの基本を身に付けたあとでステップアップしたい場合も、資料に困ることはまずないはずです。

先にExcelの関数でできないか考えてみよう

　VBAでマクロを書けばExcelのすべての機能を使えますが、使いすぎには注意しましょう。というのは、VBAでは自由に何でもできるので、第三者から見て「何をしているのかわからないデータ」になってしまいがちだからです。計算に関することならExcelのワークシート関数を使ったほうが、誰にとっても扱いやすいデータになります。例えば、平均や合計を求めたいなら、マクロを作るのではなくワークシート関数を使うべきです。まずはワークシート関数で実現できないか考えてみて、無理ならマクロを作るといいでしょう。

ワークシート関数

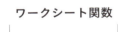
=AVERAGE(A1:A5)

平均を求めるなら
どっちを使う？

マクロ（VBA）

```
Sub heikin()
    Range("A6").Value = 
    WorksheetFunction.Average
    (Range("A1:A5"))
End Sub
```

ExcelのワークシートとVBAの関数

　Chapter 1の途中から「関数」というものが登場しますが、これはExcelのセルに入力する関数とは別物です。名前が似ていても使い方や働きが違ったり、目的は同じでも関数名が違ったりします。基本的にはExcelの関数のことはいったん忘れて読み進めてください。本書で単に「関数」と書いたときはVBAの関数を指し、Excelの関数を指すときは「ワークシート関数」と表記します。

NO 02　本書の読み進め方

プログラムにふりがなが振ってあると簡単そうに見えますね。でも、本当に覚えやすくなるんですか？

身もフタもないことを聞くね……。ちゃんと理由があるんだよ

繰り返し「意味」を目にすることで脳を訓練する

　プログラミング言語で書かれたプログラムは、英語と数字と記号の組み合わせです。知らない人が見ると意味不明ですが、プログラマーが見ると**「それが何を意味していてどう動くのか」**をすぐに理解できます。とはいえ最初から読めたはずはありません。プログラムを読んで入力して動かし、エラーが出たら直して動かして……を繰り返して、脳を訓練した期間があります。

　逆にいうと、初学者が挫折する大きな原因の1つは、**十分な訓練期間をスキップして短時間で理屈だけを覚えようとする**ことです。そこで本書では、プログラムの上に「意味」を表す日本語のふりがなを入れました。例えば「=」の上には必ず「入れろ」というふりがながあります。これを繰り返し目にすることで、「=」は「変数に入れる」という意味だと頭に覚え込ませます。

```
変数answer　入れろ　数値10
1  answer = 10
```

プログラムは英語に似ている部分もありますが、人間向けの文章ではないので、ふりがなを振っただけでは意味が通じる文になりません。そこで、足りない部分を補った**読み下し文**もあわせて掲載しました。

読み下し文

1　**数値10を変数answerに入れろ**

プログラムを見ただけでふりがなが思い浮かべられて、読み下し文もイメージできれば、「プログラムを読めるようになった」といえます。

実践で理解を確かなものにする

プログラムを読めるようになるのは第一段階です。最終的な目標はプログラムを作れるようになること。**実際にプログラムを入力して何が起きるのかを目にし、自分の体験としましょう**。本書のサンプルプログラムはどれも10行もない短いものばかりですから、すべて入力してみてください。

プログラムは1文字間違えてもエラーになることがありますが、それも大事な経験です。何をすると間違いになるのか、自分が起こしやすいミスは何なのかを知ることができます。とはいえ、最初はエラーメッセージを見ると焦ってしまうはずです。そこで、各章の最後に「エラーを読み解いてみよう」という節を用意しました。**その章のサンプルプログラムを入力したときに起こしがちなエラーをふりがな入りで説明しています**。つまずいたときはそこも読んでみてください。

また、章末には「復習ドリル」を用意しました。その章のサンプルプログラムを少しだけ変えた問題を出しているので、ぜひ挑戦してみましょう。

> スポーツでも、本を読むだけじゃ上達しないのと同じですね。実際にやってみないと

> そうそう。脳も筋肉と同じで、繰り返しの訓練が大事なんだよね

NO 03　VBAを書くための準備

マクロってどこで作るんですか？　Excelの画面でそれらしい機能を見かけたことがないですけど……

「VBE」というマクロを書くためのツールがあるんだよ。普段は隠されているんだけどね

リボンに [開発] タブを追加する

Excelにはマクロなどを作成するための [開発] タブが付いているのですが、初期状態では隠されています。まずはこれを表示しましょう。メニューから [ファイル] - [オプション] を選択して [Excelのオプション] ダイアログボックスを表示してください。

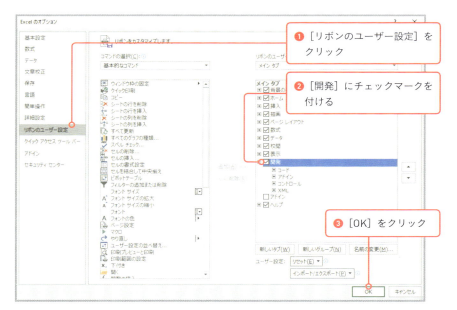

❶ [リボンのユーザー設定] をクリック

❷ [開発] にチェックマークを付ける

❸ [OK] をクリック

この [開発] タブからは、マクロを作成、実行する画面を表示したり、Chapter 5で解説する [マクロの記録] 機能などを利用できます。

VBEの画面を表示する

[開発] タブの左端にある、[Visual Basic] をクリックすると、「VBE（Visual Basic Editor）」が表示されます。これがVBAを書いてマクロを作るための画面です。

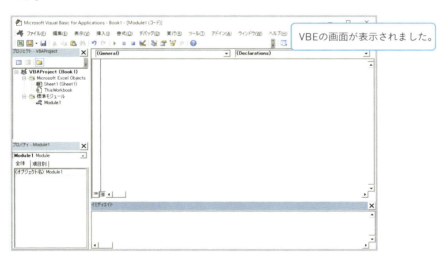

うわー、画面を見ただけで難しそう

簡単とはいわないけど、使う機能を絞ればそこまで難しくはないよ。よく使うから、VBEを表示する Alt + F11 キーというショートカットキーも覚えておこう

VBEの画面構成を知っておこう

VBEの画面は大きく4つのウィンドウに分かれています。このうち、メインで利用するのは右上を占める**コードウィンドウ**です。この場所にマクロのテキストを書いていきます。

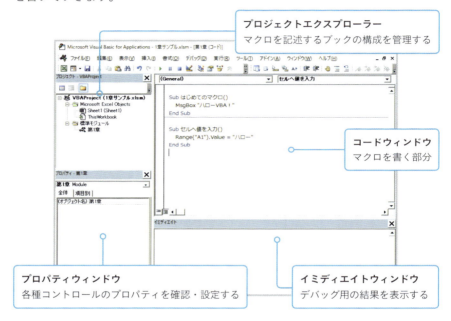

プログラムとコードとマクロ

本書は「ふりがなプログラミング」というタイトルですが、実際に作るのは「マクロ」です。また、そのマクロを書く画面には「コードウィンドウ」という名前が付いています。これらの用語をちょっと整理しましょう。
まず「プログラム」は「コンピュータへの指示書」を意味する一番広い意味の言葉です。アプリの自動操作を行うためのプログラムを「マクロ」と呼びます。また、VBAなどのプログラミング言語で書かれた人間が読み書きするためのものを「ソースコード（Source Code：源となる記号という意味）」といいます。コードウィンドウは「ソースコード」に由来した名前なのですね。どれも厳密な意味は違いますが、いろいろあると迷ってしまうので、本書では「マクロ」という言葉で統一します。

NO
03

マクロは「モジュール」に記述していく

まずはVBEの左上に表示されている「**プロジェクトエクスプローラー**」に注目してみましょう。ここにはExcelのファイル（ブック）に含まれているものがツリー形式で表示されています。「Microsoft Excel Objects」が普段使っているExcelの画面から操作できるものです。「Sheet1 (Sheet1)」と表示されているのは、Excelのシ

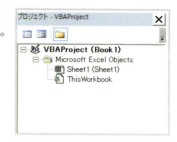

ートですね。シートを増やせば、このツリーに表示される項目も増えます。

VBAでマクロを書くには、このツリーに「**モジュール**」というものを追加します。モジュールは「機械や建築物の部品」を指す用語です。1つのモジュールの中に、複数のマクロを書くことができます。

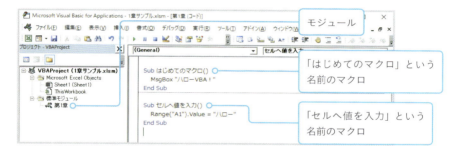

- モジュール
- 「はじめてのマクロ」という名前のマクロ
- 「セルへ値を入力」という名前のマクロ

用語がいろいろ出てきたけど、要は「マクロを書くためのシートみたいなもの」を追加しないといけないってことだ。今は機械的に手順を覚えておけばいいよ

モジュールはExcelのファイルの中にある

モジュールは、シートと同じようにExcelのファイル（ブック）の中に作られます。そのため、モジュールの中に書いたマクロは、このブックが開いているときしか使えません。マクロを記述してあるブックが開いていれば、他のブックからも［マクロ］ダイアログボックス（22ページ参照）などから、作成したマクロを呼び出すことは可能です。

NO 04 最初のマクロを入力する

まずは簡単なマクロを書いてみよう。イミディエイトウィンドウに結果を表示するだけの簡単なものだ

イミディエイトウィンドウって何でしたっけ？

マクロを使って文字や数値を表示できるウィンドウだよ。VBEの画面だけで確認できるから学習に向いてるんだ

モジュールを追加する

まずは新規ブックを開いて、VBEを表示したところから始めましょう。プロジェクトエクスプローラーにモジュールを追加します。

VBEのメニューから［挿入］-［標準モジュール］を選択すると、「Module1」という名前のモジュールが追加されます。

❶ ［挿入］-［標準モジュール］を選択

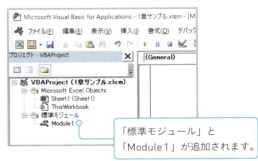

「標準モジュール」と「Module1」が追加されます。

モジュールは複数追加できるので、［挿入］-［標準モジュール］を選択するたびに「Module1」「Module2」と増えていきます。本書では1つの章ごとにブックを分けることにします。章ごとにこのページの手順で新規ブックを作成してモジュールを追加し、「Module1」に各章のマクロを書いてください。

マクロの外側だけを入力する

　それでは最初のマクロを入力していきましょう。プロジェクトエクスプローラーで「Module1」をダブルクリックして、コードウィンドウに入力します。

　VBAでコードを書く際には<u>原則的に半角で入力</u>しますが、大文字・小文字はそれほど気にする必要はありません。全部小文字で書いても、登録されている命令であれば、VBE側で自動的に登録されたとおりの大文字・小文字の表記に補完してくれます。ただし、␣記号が入っている部分は、<u>必ず半角スペースで空ける</u>ようにしてください。

■ chap1_4_1

```
           マクロ作成    chap1_4_1という名前
1  Sub␣chap1_4_1()
2
           マクロここまで
3  End␣Sub
```

　ここで書いた「Sub」と「End Sub」の働きは、そこで<u>囲んだ範囲が1つのマクロであることを示すこと</u>です。モジュールの中には複数のマクロが書けるので、どこが1つのマクロなのかを示す印が必要なのです。

　Subのあとには<u>マクロの名前</u>を書きます。　本書ではマクロの名前は「chap1_4_1」のように章と節の番号を組み合わせたものにしますが、自分でマクロを書くときは、マクロの働きがわかりやすい名前にしてください。

　「Sub」と「End Sub」は1セットなので、「Sub chap1_4_1」まで入力して Enter キーを押すと、自動的に「()」と「End Sub」を入力してくれます。このあたりがVBEの親切なところです。

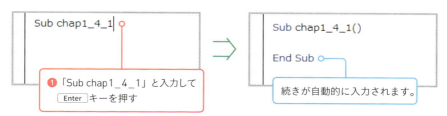

❶「Sub chap1_4_1」と入力して Enter キーを押す

続きが自動的に入力されます。

「Debug.Print」メソッドで文字を表示する

　SubとEnd Subは範囲を表すだけなので、その間に実際に仕事をする命令を書いていきます。SubとEnd Subの間にカーソルを移動して、Tabキーを押して字下げしてから、次の1行を入力してください。

■ chap1_4_1

```
1  Sub chap1_4_1()
       マクロ作成    chap1_4_1という名前

2      Debug.Print "Hello"
       デバッグ機能　表示しろ　　文字列「Hello」

3  End Sub
   マクロここまで
```

　Debug.Printは「イミディエイトウィンドウに表示する」働きを持つ<u>メソッド</u>です。メソッドについてはこれから少しずつ説明していきますが、簡単にいえばExcelに対する命令のことです。

　「何を」という目的語にあたるものを、Debug.Printのあとに書きます。ここでは「Hello」という文字全体を「"（ダブルクォート）」で囲んでいます。この記号は、囲んでいる部分がHelloという命令ではなく、ただの文字だと区別するためのものです。<u>この「"」で囲まれた「ただの文字」部分は、プログラミングでは「文字列」と呼びます。</u>

　できあがったマクロの意味は、以下のようになります。英文法と同じように、述語と目的語が入れ替わります。

読み下し文

1　**chap1_4_1という名前**でマクロを作る

2　　**文字列「Hello」を**表示しろ

3　マクロここまで

ふりがなの「デバッグ機能」はどこにいっちゃったんですか？　というかデバッグ機能って何ですか？

デバッグというのは、プログラムの開発中にバグ（エラー）を取ることだよ。イミディエイトウィンドウもデバッグで使う機能の1つなんだ

じゃあ、「デバッグ機能で表示する」か「イミディエイトウィンドウに表示する」が正しいですよね

まぁ、そうなんだけど、重要な話じゃないしちょっとクドイからね……

作成したマクロを実行しよう

　作成したマクロを実行するには、まず実行したいマクロ内の任意の位置をクリックします。マクロ内にカーソルが置かれた状態で、ツールバーの［▶］をクリックするか F5 キーを押すと、そのマクロが実行されます。

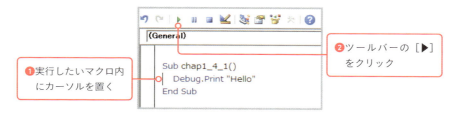

❶実行したいマクロ内にカーソルを置く
❷ツールバーの［▶］をクリック

　マクロを実行すると、イミディエイトウィンドウに「Hello」という文字が表示されます。イミディエイトウィンドウが表示されていない場合は、メニューから［表示］-［イミディエイトウィンドウ］を選択してください。

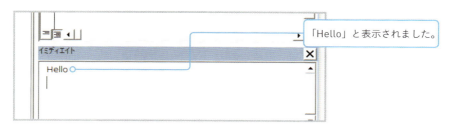

「Hello」と表示されました。

「『Hello』と表示しろ」って書いたら、Helloと表示されました。って当たり前ですよね

実はそこが重要なんだ。コンピュータは指示したことしかやらない。だから、何をどの順番で処理するかを全部人間が指示してあげないといけないんだよ

　マクロの中にカーソルがない状態で［▶］をクリックすると、Excelはどのマクロを実行したらいいのか判断できません。その場合は［マクロ］ダイアログボックスというものが表示されます。マクロの一覧が表示され、ここから選んで実行することもできるのですが、面倒なのでカーソルを置いて実行することをおすすめします。

モジュール内に書いたマクロ名の一覧が表示されます。

イミディエイトウィンドウの操作

イミディエイトウィンドウは、マクロの開発中に文字を表示するための機能です。完成したマクロではセルに結果を表示するのが普通ですが、開発の途中で一時的に結果を確認したいときなどに使います。

マクロを何回も実行するとイミディエイトウィンドウに表示される文字が増えていきます。読みにくくなった場合は、ウィンドウ内を選択して Ctrl ＋ A キーを押して全選択し、 Delete キーを押して文字を削除してください。

また、イミディエイトウィンドウは、タイトル部分をドラッグすると、独立したウィンドウとして取り外せます。パソコンの画面が小さくて操作しにくいときなどに試してみてください。

マクロを含むブックを保存する

　マクロを作成したブックを保存してみましょう。Excelでは、マクロを含むブックを保存する際には、ブックの形式から「Excelマクロ有効ブック(*.xlsm)」形式を選択して保存します。

「Excelマクロ有効ブック(*.xlsm)」形式で保存します。

　保存したブックには、通常のExcelブックのアイコンに加え、マクロが含まれていることを示す「！」マークの表記が付加されます。

ひと目で「このブックはマクロを含んでいる」ということがわかるようになっているわけだね

マクロを含むブックを開いたときの動作

マクロを含むブックを開いた際には、ダイアログが表示されたり、数式バーの上に「セキュリティの警告」メッセージが表示される場合があります。
うっかり悪意のあるマクロが実行されないように、ユーザーが許可しない限りはマクロを実行できないようになっているわけですね。安全なことが確認できている場合には、[コンテンツの有効化] をクリックして、そのブックのマクロが実行できるようにしましょう。

NO 05　Subとプロシージャ

VBAの用語では、Excelのマクロに相当するものを「プロシージャ」って呼ぶんだ。たまに名前が出てくるから頭に入れておくといいかもね

プロシージャ……。辞書を引くと「手順」とか「手続き」って意味ですね。でも何で「Sub」って書くんですか？

そこ気になる？　知らないとマクロが書けないわけじゃないけど、サラッと説明しておこう

プログラムの小さなまとまりをプロシージャと呼ぶ

　VBEの画面を操作していると**プロシージャ（Procedure）**という言葉を時折見かけます。これはVBAの用語で「プログラムの小さなまとまり」のことです。プロシージャは3種類あり、その中の「Subプロシージャ」がExcelのマクロと同じもの（厳密には違いますが）を指します。

関数やメソッドを作るために使う　　　　プロパティを作るために使う

Sub プロシージャ　　**Function プロシージャ**　　**Property プロシージャ**

関数、メソッド、プロパティについてはあとで説明するよ

だいたい ＝ **マクロ** と同じものを指す

　Subプロシージャの「Sub」は、昔は「サブルーチン」という小さなまとまりを組み合わせてプログラムを作っていたことに由来します。

なるほど、知ったからどうって話でもなかったですね

まぁ、普通にマクロを作る分にはSubだけ知っておけばいいからね

VBAのマクロ名の付け方

VBAのマクロ名には、半角英数字や日本語のような全角文字も使えます。ただし、以下のルールがあります。

- 予約語は使えない
- 記号は「_（アンダースコア）」以外は使えない（+や-などはNG）
- 数値、「_」から始まるマクロ名は付けられない

<u>予約語</u>というのは、あらかじめVBAで用途が決まっているキーワードのことです。もし、ルールに反したマクロ名を付けた場合はエラーメッセージが表示されるので修正しましょう。

ルールに抵触するマクロ名を付けようとするとエラーになります。修正候補の「識別子」とは名前を意味しています。

以降のページではSubを省略する

以降のページでは、<u>Sub～End Subを省略して掲載します</u>。例えば、20ページで解説したマクロの場合は、以下のように掲載します。実際に入力するときは、「Sub chap1_4_1()」と「End Sub」を補ってください。

■chap1_4_1

```
                デバッグ機能    表示しろ    文字列「Hello」
2    Debug.Print "Hello"
```

Sub～End Subがないとエラーになるので注意しよう

NO 06 演算子を使って計算する

VBAでは「式」を使って四則計算ができるんだ。「演算子(えんざんし)」の使いこなしが重要になるよ

「式」はわかりますけど、「エンザンシ」って言葉がもう難しそうですね……

大丈夫。算数で勉強した紙に書いた式と基本的に変わりない。演算子は「+」や「-」などの記号だよ

演算子と数値を組み合わせて「式」を書く

マクロで計算するには数学の授業で習うものに似た「式」を書きます。算数の四則計算では「+」「-」「×」「÷」などの記号を用いて式を書きますが、VBAでこれらの記号にあたるものが「演算子」です。どの演算子を使うかによって、組み合わせる値同士をどのように計算するかが決まります。

<u>演算子もメソッドと同様に「命令」</u>なので、「+」であれば「足した結果を出せ」と読み下すことができます。

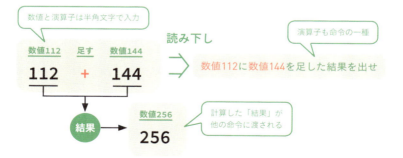

演算子を使えば、基本的な四則演算の他に、べき乗、割り算の「余り」などを求められます。「+」や「-」は紙に書く式の記号と同じですが、掛け算や割り算

の演算子は別の記号に置き換えられています。

足し算と引き算

　実際に式を書いて、その計算結果を求めてみましょう。計算結果を表示するには、<u>Debug.Printメソッドのあとに半角空けて、目的語となる式を書きます</u>。文字列ではないので、数値や式を書く際は「"」で囲まないでください。

■ chap1_6_1

```
     デバッグ機能    表示しろ    数値10 足す 数値5
2    Debug.Print 10 + 5
     デバッグ機能    表示しろ    数値10 引く 数値5
3    Debug.Print 10 - 5
```

　これを読み下す場合、まずは目的語の式を優先します。先に演算子も命令の一種だと説明しましたが、このように命令（上の場合はDebug.Printメソッド）の中に別の命令（演算子）を書く、<u>命令の入れ子のような書き方</u>がプログラミングではよく出てきます。

読み下し文

2　数値10に数値5を足した結果を表示しろ

3　数値10から数値5を引いた結果を表示しろ

　実際に入力してみましょう。例文のように複数行のマクロを書いた場合、上の行から順に実行された結果が表示されます。

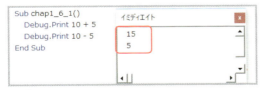

しつこくいうけど、Sub〜End Subは忘れずに付け足してね

掛け算と割り算

　掛け算では「*（アスタリスク）」、割り算では「/（スラッシュ）」を用います。なお、割り算で数値の0で他の数値を割ろうとするとエラーになる点に注意してください。足し算や引き算と同様に、まず、計算結果が求められてから、Debug.Printによる「表示しろ」という命令が実行されます。

■chap1_6_2

読み下し文

2　数値10に数値5を掛けた結果を表示しろ

3　数値10を数値5で割った結果を表示しろ

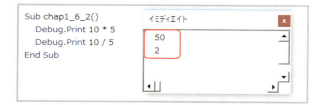

主な計算用演算子一覧

演算子	読み方	例
+	左辺に右辺を足した結果を出せ	2 + 3
-	左辺から右辺を引いた結果を出せ	7 - 4
*	左辺に右辺を掛けた結果を出せ	6 * 2
/	左辺を右辺で割った結果を出せ	10 / 5
Mod	左辺を右辺で割った余りを出せ	23 Mod 9

※左辺は演算子の左側にあるもの、右辺は右側にあるものを指す

文字列との連結

　文字列に対して「&（アンド）」を利用すると、2つの文字列を連結して1つの文字列とすることができます。また、文字列と数値を&演算子で連結した場合には、数値が「数値を表す文字列」に自動変換されて連結されます。

■ chap1_6_3

```
2  Debug.Print "Hello" & "VBA"
3  Debug.Print "参加人数：" & 25
```

2行目：デバッグ機能　表示しろ　文字列「Hello」　連結　文字列「VBA」
3行目：デバッグ機能　表示しろ　文字列「参加人数：」　連結　数値25

読み下し文

2　文字列「Hello」と文字列「VBA」を連結した結果を表示しろ

3　文字列「参加人数：」と数値「25」を連結した結果を表示しろ

最初から1つの文字列にしておけばいい気がしますけど？

連結を使えば、他の式の計算結果と一緒に文字列を組み合わせて表示できるんだよ。例えば、お金の計算だったら結果に「円」を付けるとわかりやすいでしょ？

実は「+」でも文字列は連結可能

VBAでは、&演算子だけでなく、+演算子を使っても文字列を連結可能です。ただし、足し算と紛らわしいので、一般的に文字列の連結には&演算子が使われます。

NO 07　長い数式を入力する

マクロでは1つの式に複数の演算子が入った複雑な計算もできるよ

算数では掛け算と割り算が先、足し算、引き算があとになると習いました

そう！　VBAの式も基本的にその原則どおりの順番で計算が実行されるんだ

長い式では計算する順番を意識する

　演算子を複数組み合わせれば、1行で複雑な計算ができる長い式を書くことができます。その際に注意が必要なのが演算子の優先順位です。演算子の<u>優先順位が同じなら左から右へ出現順で計算</u>されますが、順位が異なる場合は<u>順位が高いものから先に計算</u>します。例えば*（掛け算）は、+（足し算）や-（引き算）より優先順位が高いので、先に計算します。

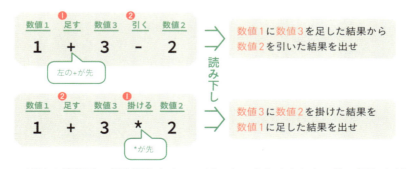

　VBAの演算子の優先順位を右ページの表にまとめました。読み下し方が変わってくるので、本書では複数の演算子が出現するわかりにくい式に限って、<u>丸数字で優先順位を示します</u>。

演算子の優先順位一覧

順位	演算子	説明
1	(式)	グループ化（カッコで優先的に計算したい部分を囲う）
2	^	指数
3	-	符号反転（マイナスの値など）
4	*、/	掛け算、割り算
5	¥	整数除算（割り算の結果の整数部分）
6	Mod	剰余
7	+、-	足し算および引き算
8	&	文字列連結
9	=、<>、<、>、<=、>=、Like、Is	等しい、等しくない、より小さい、より大きい、以下、以上、あいまい比較、オブジェクトの比較
10	Not	論理反転
11	And	論理積（論理AND）
12	Or	論理和（論理Or）
13	Xor	排他的論理和
14	Eqv	論理等価
15	Imp	論理包含

> 演算子ってこんなにあるんですか？ 見たことないものばっかりです

> 今は計算に関係するものだけ知っておけば十分。あとはちょっとずつ覚えていこう

　この表で計算に関係するものは、順位2〜7までの「算術演算子」グループと、順位1の「グループ化」あたりです。

計算以外に使う条件式

順位9の「条件式」を作成する際に利用する「比較演算子」や、順位10以降の「論理演算子」は、Chapter 2で解説する条件分岐で使用します。

同じ優先順位の演算子を組み合わせた式

まずは同じ順位の演算子を組み合わせた式を使ってみましょう。すべて「+」なので、計算は左端の「+」から右に向かって順番に実行されます。

■chap1_7_1

読み下し文

2　数値2に数値10を足した結果に数値5を足した結果を表示しろ

計算結果は以下のようになります。

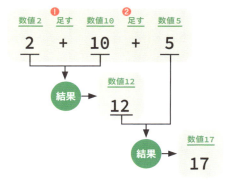

最初に1つ目の「+」によって「2+10」が計算されて「12」という結果が出ます。2つ目の「+」はその結果と数値5を足すので、「12+5」が計算されて17という結果が求められます。

最後にその結果がDebug.Printメソッドに渡されて「17」と画面に表示されます。

31ページの表を見るとわかるように「+」と「-」、「*」と「/」はそれぞれ優先順位が同じですから、それらを組み合わせた場合も、同じように左から右へ実行されます。

優先順位が異なる演算子を組み合わせた式

「+」と「*」のように、優先順位が異なる演算子を組み合わせた式を試してみましょう。2つ目の「+」の代わりに「*」を書きます。それ以外は同じですが、優先順位が異なるために計算結果も変わってきます。

■chap1_7_2

読み下し文

2 数値10に数値5を掛けた結果に数値2を足した結果を表示しろ

計算結果は次のように「52」となります。

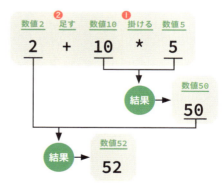

この式では先に「10*5」という計算が行われます。その結果の50が2に足されるので、最終結果は52になります。

「途中で一時的な結果が出る」ことをイメージするのが重要だよ。そうしないとあとで出てくるメソッドや変数が混ざった式の意味がわからなくなるんだ

カッコを使って計算順を変える

　優先順位が低い演算子を先に計算したい場合は、その部分をカッコで囲みます。このカッコは<u>カッコ内の式の優先順位を一番上にする</u>働きを持ちます。この働きを「グループ化」といいます。31ページの表で探してみてください。

■chap1_7_3

```
Debug.Print (2 + 10) * 5
```

　カッコ内の「+」のほうが優先順位が上がるので、「2+10」の結果に5を掛けろという読み下し文になります。

読み下し文

数値2に数値10を足した結果に数値5を掛けた結果を表示しろ

　このマクロを実行すると「60」と表示されます。

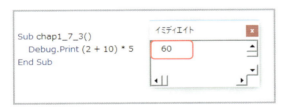

カッコの中にカッコが入れ子になった式

　カッコの中に、さらにカッコが入った式を書くこともできます。その場合は「より内側にある」カッコが優先されます。

■chap1_7_4

```
Debug.Print 5 / (4 * (1 - 0.2))
```

カッコの優先順位を反映すると、次のような読み下し文になります。

読み下し文

2 数値1から数値0.2を引いた結果に数値4を掛け、その結果で数値5を割った結果を表示しろ

　内側のカッコが最優先なので、「1-0.2」が先に計算されて0.8という結果が出ます。次に「4*0.8」が計算されて3.2という結果が出ます。最後に「5/3.2」が計算され、1.5625という結果が表示されます。

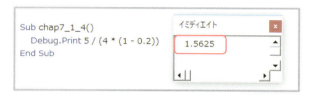

カッコが重なるとややこしいですねー

とにかく内側のカッコほど優先すると覚えておこう

負の数を表す「-」

「-」という演算子は書く場所によって意味が変わります。左側にあるものが数値なら「引く」という意味になりますが、それ以外の場合は「負の数」を表します。また、負数の「-」は「*」や「/」よりも優先順位が上がります。「-5は-演算子と数値5の組み合わせだ」と考えなくても正しい結果は予想できると思いますが、場所によって意味が変わる演算子もあることは頭のすみに入れておいてください。

■ chap1_7_5

```
              デバッグ機能    表示しろ    数値2  ❸足す   数値10 ❷掛ける ❶数値-5
2             Debug.Print  2    +    10    *    -5
```

NO 08　変数を使って計算する

次は「変数（へんすう）」について学習しよう。変数はマクロを効率的に書くために欠かせない要素の1つだよ

変数ですか。マクロの中でコロコロ変わっていく数字という意味ですか？

イメージとしては近いかもね。ただ、変数では数値だけじゃなく、文字列やセルなども扱うことができるんだ

変数をイメージしよう

　マクロを「演劇の台本」にたとえて考えてみましょう。例えば、「桃太郎」のワンシーンの台本を以下のように表すとします。

> **おばあさん** が 川へ洗濯に行く
> **おばあさん** が 桃を拾う
> **おばあさん** が 桃を家に持ち帰る

　この演劇を実際に演じる場合、「おばあさん」の役者さんは、実際は「山田さん」であったり「田中さん」であったりします。でも、台本を書く場合には「おばあさん」という役名で書いておけば、話の流れは確認できますね。

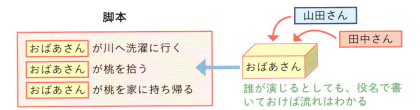
誰が演じるとしても、役名で書いておけば流れはわかる

このような仕組みを用意すると便利なことは何でしょうか。いろいろありますが、2つのメリットを挙げてみましょう。

その1：演じる人が変わったときの変更が簡単
演じる人が「田中さん」から「山田さん」に変わっても、「おばあさん＝田中さん」という役名に当てはめる部分を修正するだけでOKです。

その2：具体的に演じる人が決まる前でも台本を書くことができる
演じる人が決まっていない状況でも、先に役名を使って台本を書けます。

なるほど。「変更に強い仕組み」なんですね

VBAの変数も考え方はこれと同じです。「おばあさん」という役名にあたる変数を作っておき、それを使ったマクロを書きます。そして、変数に実際の値（数値や文字列などのデータ）を当てはめて実行します。

変数は<u>Dim（ディム）文</u>で作成します。作成した変数には<u>＝（イコール）演算子</u>を使って値を設定（代入）します。

DimはDimension（ディメンション）の略で、「配列の次元」という意味があります。VBAの元になったBASICではDim文は、配列変数というものを作成するための命令でした。それがVBAではすべての変数を作るために使われるようになったようです。英語として読んでも無意味なので、<u>Dimに「変数作成」、「＝」に「入れろ」</u>というふりがなを振ることにします。

変数を作成して利用する

文字列を変数に記憶して、それを表示するマクロを書いてみましょう。

■chap1_8_1

変数は使う前に作らなければいけないので、Dim文でtmpTextという変数を作成します。

次の文でtmpTextに文字列「ハロー！」を入れています。

最後にDubug.Printメソッドの目的語として変数tmpTextを書いています。値を入れた変数は、値の代わりに使えます。ですから「Debug.Print tmpText」は「変数tmpTextの内容を表示しろ」または「変数tmpTextの値を表示しろ」と読み下せます。

読み下し文

2　**変数tmpTextを作成しろ**

3　**文字列「ハロー！」を変数tmpTextに入れろ**

4　**変数tmpTextの値を表示しろ**

マクロの実行結果は以下のとおりです。変数tmpTextには文字列「ハロー！」が入っているので、それがDebug.Printメソッドで表示されます。

「Debug.Print "ハロー！"」って書いたときと結果が同じですよね？　何の意味があるんですか？

今の例は書き方を説明しただけだからね。次はもう少し実用的な例を試してみよう

変数で扱う値を変更してみよう

次の例は、2つの変数を使用しています。変数kakakuに何かの商品の定価を入れると、消費税額を含めた売値を割り出して変数urineに入れ、それぞれを表示するというマクロです。

■ chap1_8_2

```
2  Dim kakaku, urine
3  kakaku = 100
4  urine = kakaku * 1.08
5  Debug.Print urine
```

2行目: 変数作成／変数kakaku／変数urine
3行目: 変数kakaku／入れろ／数値100
4行目: 変数urine／入れろ／変数kakaku／掛ける／数値1.08
5行目: デバッグ機能／表示しろ／変数urine

複数の変数を作りたいときは、,（カンマ）で区切って並べると1つのDim文で作成できます。

読み下し文

2　変数kakakuと変数urineを作成しろ

3　数値100を変数kakakuに入れろ

4　変数kakakuと数値1.08を掛けた結果を変数urineに入れろ

5　変数urineを表示しろ

変数kakakuに100を入れて計算したので、108が表示されます。

では、2行目の変数kakakuに入れる数値を150に変更してみましょう。この箇所を変更するだけで表示される結果が変わります。

■chap1_8_3

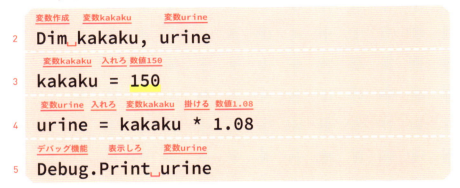

読み下し文

2 変数kakakuと変数urineを作成しろ
3 数値150を変数kakakuに入れろ
4 変数kakakuと数値1.08を掛けた結果を変数urineに入れろ
5 変数urineを表示しろ

なぜそうなるのか、次の図でマクロの流れを追いかけてみてください。変数kakakuの値を変えると、参照している部分すべての結果が変わっています。このように変数を使えば、**マクロをほとんど書き替えずに違う結果を出せる**のです。

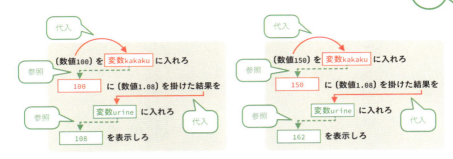

変数とデータ型

他の書籍やWeb上の記事では、次の形式で変数を作成していることがあります。

■ chap1_8_4

```
Dim kakaku As Long
```
変数作成　変数kakaku　として　Long型

読み下し文

Long型として変数kakakuを作成しろ

これは変数を作るときに「データ型」を決めるという指示です。データ型というのはデータの種類です。Long型であれば整数を意味します。
変数のデータ型を決めると、異なるデータ型の値を入れられなくなります。例えば、Long型の変数kakakuに"100円"という文字列を入れようとすると、次のようなエラーメッセージが表示されます。

うっかり意図していない値を入れたままマクロが実行されないように、チェックできるわけですね。予想外のエラーを減らすための仕組みなのですが、初心者にはややこしく感じるはずです。
そこで本書のサンプルでは、データ型を指定せずに変数を作成していきます。データ型まで指定する書き方は、本書を読み終えたあとで挑戦してみてください。

NO 09 変数の命名ルールとスペースの入れどころ

変数の名前は自分で自由に決めていいんですか？

そうだね。割と自由に決めていいんだけど、使えない文字や記号も存在するよ

変数の命名ルールを覚えよう

変数の命名ルールを3項目に分けて説明します。これらは守らないとマクロが正しく動かない最低限のルールで、その他に読みやすいマクロを書くための慣習的なルールもあります。

❶半角英数字、全角文字、アンダースコアを組み合わせて付ける

アルファベットのa〜z、A〜Z、数字の0〜9、日本語文字、「_（アンダースコア）」、を組み合わせた名前を付けることができます。逆にいうと「_」以外の記号は変数名に含めることはできません。

❷数字のみ、先頭が数字の名前は禁止

数字のみの名前は数値と区別できないので禁止です。また、名前の先頭を数字や「_」にすることも禁止されています。

```
OKの例：  answer   name1   my_value   価格   支店A_売上
NGの例：  !mark   12345   1day   _name   a+b
```

❸予約語と同じ名前は禁止

VBAの基本的な命令として登録されているキーワードを「予約語」といいます。例えば次のChapter 2で登場するTrue、False、If、Elseは条件分岐のために使う予約語です。これらは変数名に使用できません。

決めておくと便利なルール

変数名は前ページのルールで自由に付けてOKだけど、自分なりのルールを決めておくと、よりわかりやすくなるよ

なるほど、名前の付け方でも、マクロのわかりやすさが左右されるんですね

変数を作る際には、自分なりの「命名ルール」を決めておくのがおすすめです。あとで見直した際に「どれが変数なのか」「どういう用途の変数なのか」がわかりやすいルールを決めておくのがいいでしょう。

次の表は、よくある命名のルールの一例です。命名の参考にしてみてください。

よくある命名のルール

変数名の例	意図
str、num	「文字列」や「数値」を意味する「String」や「Number」を短く縮めた変数名。対応する値を入れるのに使う
tmp、buf	「一時的な」という意味の「temporary（テンポラリ）」や「buffer（バッファ）」を短く縮めた変数名。一時的に利用したい値を入れるのに使う
userName、totalPrice	用途が連想できる英単語をつなげた変数名。基本は小文字で書き、単語の区切りとなる一文字のみを大文字で記述する
価格、総売上	用途が連想できる日本語の変数名。「tmp価格」のように英数字と組み合わせることもある
i、j	繰り返し文（104ページ参照）で、回数を保持するカウンタ用変数に伝統的に利用する変数名。「犬といえばポチ、猫といえばタマ」と同じように、「カウンタ用変数といえばi」というような変数名

VBAは大文字と小文字を区別しない

VBAは英数字の大文字と小文字を「区別しない」言語です。「String」も「string」も「STRING」も同じものとして扱われます。そのため、一部の言語でポピュラーな「データ型を小文字にした変数名（Long型なので変数名をlongにするなど）」は使用できません。他言語経験者の方は特に注意しましょう。

入力補助機能で楽に変数を入力しよう

変数名を工夫すると読みやすくなることはわかりましたけど、長い変数名にすると入力するのが大変だし、入力ミスしてしまいそうです

そんな場合には特定の接頭語を付けておくといいよ

　VBEでは、Dimで変数を作成すると、その変数名が自動的に入力候補リストに登録されます。例えば「Dim myString」と頭に「my」の付く変数を宣言したとします。以降の行で「my」まで入力して Ctrl + space キーを押すと、「頭に『my』の付く変数や命令」が検索され、入力候補のリストが表示されます。もし「my」で始まる変数が1つだけであれば、その時点で「myString」まで自動入力されます。

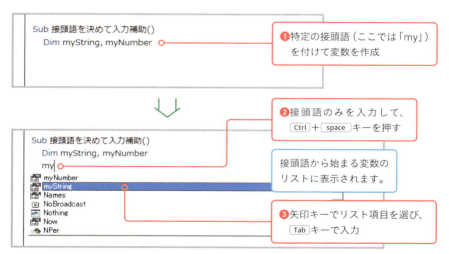

❶特定の接頭語（ここでは「my」）を付けて変数を作成

❷接頭語のみを入力して、Ctrl + space キーを押す

接頭語から始まる変数のリストに表示されます。

❸矢印キーでリスト項目を選び、Tab キーで入力

　2つ以上「my」が付く変数がある場合には、入力候補がリスト表示され、矢印キーで選択し、Tab キーで入力できます。長い変数名でも簡単に、スペルミスすることなく入力できますね。このように「変数名には決まった接頭語を付ける」というルールを決めておくと、入力がとても楽になります。

NO.
09

スペースの入れどころ

そういえば、変数名の前後にスペースを入れないとエラーになるときとならないときがある気がするんですけど。どうしてですか？

いいところに気が付いたね。それは変数やメソッドの命名ルールと関係があるんだ

VBAは半角スペースを自動的に入れてくれるのですが、**人間が半角スペースで区切らないとエラーになる部分**があります。それを見分けるポイントは、変数名やメソッド名に使える文字かどうかです。

VBAで書いたマクロは「コンパイラ」という機能が解釈して実行します。コンパイラは、マクロを1文字ずつたどっていって、変数、演算子、メソッド、数値などを識別します。識別の基準は文字の種類です。次のように単語の区切り部分に**名前としてNGな記号**があれば、コンパイラは自動的に判定できます。

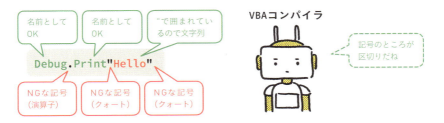

次は半角スペースを絶対に入れないといけないケースです。次の例ではメソッドの「Print」と変数の「urine」を間を空けずに書いています。この場合、**すべて変数名やメソッド名に使える文字**なので、コンパイラは判断ができません。人間が半角スペースを入力しないといけません。

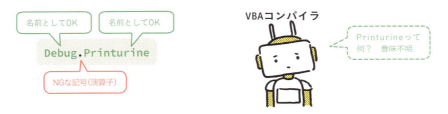

045

NO 10 データの入力を受け付ける

次はデータを入力してもらうためのマクロを作ってみよう。InputBox（インプットボックス）関数を使うよ

インプットボックスって何ですか？

ユーザーに値を入力してほしいときに使う入力用のダイアログボックスなんだ

InputBox関数とは？

20ページで解説したDebug.Printメソッドが指定したデータを「出力（表示）」するのに対して、InputBoxはユーザーに対してデータの「入力」を求める関数です。実行するとユーザーからのデータ入力を受け付けるダイアログボックスが表示されます。InputBoxの書き方は下図のとおりです。関数名に続くカッコの中には、ユーザーに入力をうながす際のメッセージを指定します。

　　　　入れろ　入力ボックス表示
変数 = InputBox("メッセージ文字列")

 読み下し

「メッセージ文字列」付きで入力ボックスを表示して、入力結果を変数に入れろ

Debug.Printメソッドと大きく違う点は、InputBox関数は<u>ユーザーが何かを入力したら、その結果の文字列を返してくる</u>という点です。このような関数などが返してくる値を「戻り値（もどりち）」といいます（50ページ参照）。

InputBoxの戻り値は、あとで使うときのために変数に入れておきます。そのためInputBox関数の書き方は、「変数=InputBox()」という計算の式のような書き方になります。

あれ？ サラッと出てきましたけど「関数（かんすう）」ってはじめてですよね？

おっと、そうだった。あとでもう一度説明するけど、関数とメソッドというのはどっちもVBAの命令のことで、使い方もほとんど同じなんだ

とりあえず今は同じだと思っておきますけど、「厳密には違うけどほぼ同じ」ってパターン多くないですか……

今の段階だと違いを説明できないものが結構あるんだよ。もうちょっとガマンしてね

入力した内容をそのまま表示するマクロを作る

実際にInputBox関数を使ってみましょう。以下の例は「入力せよ」と表示して、ユーザーからの入力を求めるマクロです。入力された文字列はいったん変数に入れ、次の行でDebug.Printメソッドを使って表示させます。

■ chap1_10_1

```
2  Dim buf
3  buf = InputBox("入力せよ")
4  Debug.Print buf
```

変数作成　変数buf
変数buf 入れろ　入力ボックス表示　文字列「入力せよ」
デバッグ機能　表示しろ　変数buf

読み下し文

2　変数bufを作成しろ
3　文字列「入力せよ」付きで入力ボックスを表示して、入力結果を変数bufに入れろ
4　変数bufの値を表示しろ

実際にマクロを動かしてみましょう。まず、「入力せよ」というメッセージ付きのダイアログボックスが表示され、入力待機状態になります。何でもいいので文字を入力して［OK］をクリックすると、次の文に進みます。

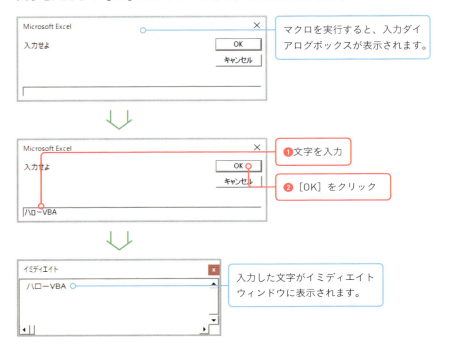

入力結果をちょっと加工して表示する

同じものを表示するだけでは面白くないので少しだけ加工してみましょう。ユーザーが入力したデータに、文字列を追加してみます。

■chap1_10_2

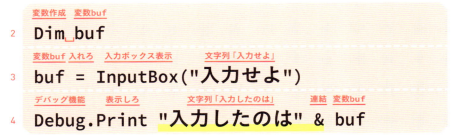

読み下し文

2 　**変数bufを作成しろ**
3 　**文字列「入力せよ」付きで入力ボックスを表示して、入力結果を変数bufに入れろ**
4 　**文字列「入力したのは」と変数bufを連結した結果を表示しろ**

　実行結果は以下のようになります。ユーザーが入力したデータの前に、「入力したのは」という文字列が追加されることが確認できます。

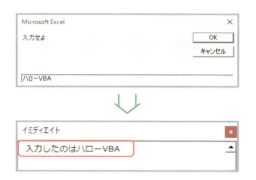

Debug.Printもよく使いますけど、InputBox関数も大事な命令なんですね。絶対にマスターしないと！

もちろん覚えたほうがいいけど、どっちかといえば学習用の命令なんだよ

実際はセルに入力された値を利用することのほうが多い

本書のChapter 2までは、InputBox関数を利用してユーザーが値を入力するマクロを紹介します。実際に使うマクロでは、Excelのセルに入力されている値を利用する場面のほうが多いでしょう。また、Debug.Printメソッドも、本来の目的は一般のユーザーに見せない形で開発者向けの情報を表示することです。マクロの動作確認のために使うことはありますが、ユーザーに向けて結果を提示したい場合には、セルにその結果を書き込むほうが一般的です。
セルの値を取得したり、書き込んだりする方法は、Chapter 4以降で解説します。

NO 11　メソッドと関数の読み方

VBAにはたくさんのメソッドや関数が用意されているんだ。ここでその使い方をちゃんと説明しておこう

何となく使ってきましたけど、しっかりマスターしたいです！

引数と戻り値

　VBAにはいろいろなメソッドや関数が用意されています。メソッド／関数のあとにはたいてい文字列や数値、式などを書きます。これまでは自然言語にたとえて「目的語」と説明してきましたが、正確には「**引数（ひきすう）**」といいます。また、メソッド／関数に仕事をさせることを、「**呼び出す**」といいます。

　InputBox関数のように、文字列や数値などの何らかの値を返してくる命令もあります。この返す値のことを「**戻り値（もどりち）**」といいます。このような戻り値を返す命令は、それを変数に代入したり、式の中に混ぜて書いたり、他の命令の引数にしたりすることができます。

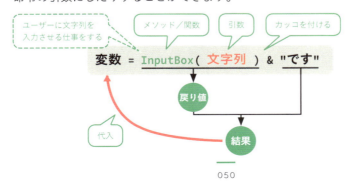

式の中に数値とメソッド／関数を混ぜて書けるって何か不思議ですね

要は「戻り値を返す命令は、値の代わりに使える」ってこと。これが理解できると応用範囲が広がるよ

複数の引数を渡す

メソッド／関数の中には、複数の引数を受けとれるものもあります。複数の引数を指定するには、引数を「,（カンマ）」で区切って書きます。

■chap1_11_1

読み下し文

2 　文字列「ハロー」と文字列「Excel」と文字列「VBA」を表示しろ

Debug.Printメソッドの場合、複数の引数を指定すると並べて表示してくれます。ただし他のメソッドでもそうだとは限りません。何個の引数を受けとれるか、受けとった引数をどう使用するかはメソッド／関数によってまちまちです。

引数の使い方はメソッド／関数によって違う。だから、読み下し方もメソッド／関数ごとに変えていくよ

引数にカッコが必要な場合と不要な場合

そういえば、Debug.Printメソッドで表示するときは引数にカッコを付けませんでしたけど、InputBox関数では付けていますよね。何でですか？

それは「戻り値」を利用するかしないかの違いなんだよ

VBAでは、関数やメソッドを利用するときに、<u>引数にカッコが必要な場合と必要ない場合</u>があります。

例えばInputBox関数も、<u>戻り値を利用しない</u>のであれば、次のようにカッコなしで書くことができます。

■chap1_11_2

```
                入力ボックス表示      文字列「入力せよ」
2   InputBox "入力せよ"
```

読み下し文

2   **文字列「入力せよ」**付きで入力ボックスを表示しろ

このマクロを実行すると入力ダイアログボックスが表示されます。ただし、戻り値を利用しないので、ユーザーが何か入力しても何も起きません。これではInputBox関数の意味がありませんが、単純にこういう書き方もできるという例だと思ってください。

単に入力ダイアログボックスが表示されます。ここに入力しても何も起きません。

では、次の例はどうでしょうか。Debug.Printメソッドのあとに、直接InputBox関数をカッコ付きで書いています。

■ chap1_11_3

<small>デバッグ機能　　表示しろ　　　入力ボックス表示　　　文字列「入力せよ」</small>

2 `Debug.Print␣InputBox("入力せよ")`

読み下し文

2　文字列「入力せよ」付きで入力ボックスを表示し、入力結果を表示しろ。

　　これはInputBox関数の戻り値を、Debug.Printメソッドの引数にしています。
　実行結果は47ページで入力したchap1_10_1とまったく同じです。違いは入力結果をいったん変数に入れるか入れないかです。

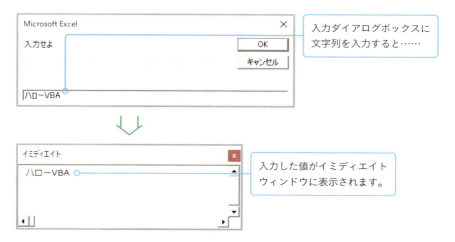

入力ダイアログボックスに文字列を入力すると……

入力した値がイミディエイトウィンドウに表示されます。

　このようにメソッド／関数の、**戻り値が必要な場合は、カッコで引数全体を囲みます**。戻り値が特に必要ない場合は囲まず、半角スペースで空けます。

うーん、ちょっとややこしいですね……

とりあえず、「戻り値を使うならカッコで囲む、使わないならいらない」とだけ覚えておけばOKだよ

NO 12　エラーに対処しよう①

マクロを入力していたら、突然変なダイアログボックスが表示されました！

どれどれ、見せてごらん。ああ、これはエラーメッセージだね。メソッドのつづりが間違っているみたいだよ

書き間違いによるエラー

ベテランでもタイプミスはよくあります。メソッド／関数の名前などをミスタイプした場合には、「コンパイルエラー」が発生します。

■エラーが発生しているマクロ

```
debug.plint "ハロー"
```

間違った文を書いて Enter キーを押した段階でエラーメッセージが表示されます。

　コンパイルエラーは簡単にいうと、「このままでは実行できませんよ」という指摘です。

　タイプミスをした場合、怪しい部分のコードが赤く表示され、さらに、間違っている部分が絞り込める場合には、その部分がハイライトされ、エラーの内容に対応したメッセージが表示されます。VBAで予想が付く場合は修正候補が表示されます。

「こういう間違いをしてませんか？」というアドバイスのメッセージが表示されるんだ

そうなんですか！ それは頼もしいですね

うん。ただ、的外れな指摘の場合もあるから、エラーが起きている行の目安にするぐらいでいいよ

メッセージを確認したら、まずは、[OK] をクリックしてダイアログを閉じましょう。その上で赤くなっている部分からタイプミスしている部分を探し出して修正します。

Sub〜End Subの外に書いたときに起きるエラー

1行1行は問題ない場合でも、マクロ全体を通してみると矛盾がある場合にもエラーが表示されます。例えば、次の例ではSub〜End Subの外に文を書いてしまっています。

■エラーが発生しているマクロ

```
Sub chap1_11_2()
    InputBox ("入力せよ")
End Sub


    Debug.Print InputBox("入力せよ")
```

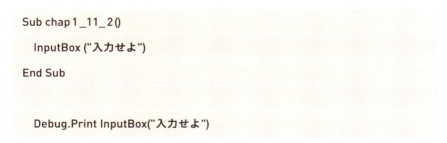

End Subのあとに文を書いてはいけないと指摘しています。

先ほどのエラーは入力の途中で指摘されましたが、今回のエラーはマクロを実行しようとした際に表示されます。
　このエラーに対処するには、タイプミスをした場合と同じように、[OK] をクリックしてダイアログボックスを閉じます。すると、実行しようとしていた、エラーの発生したマクロの先頭部分が黄色くハイライト表示された状態となります。

マクロの先頭部分が黄色く
ハイライトされます。

　これは一時的にマクロの実行を待機している状態（実行待機状態）です。まずはツールバーの [リセット] をクリックして、実行待機状態を解除しましょう。その上で、ミスのあった部分を修正していきます。

[リセット] をクリックすると、
ミスを修正できるようになります。

同じエラーでも発生タイミングや対処方法が違うんですね

そうだね。基本は「ダイアログボックスを閉じて、実行待機状態なら解除してから修正」といった流れになるよ。落ち着いて対処していこう

VBAでのコンパイルとは

「コンパイル」とは、人間が読める形式のソースコードをCPUが実行しやすい形式に変換する作業です。その際に文法的なエラーが見つかったらメッセージが表示されます。
コンパイルは特にそのための操作をしなくても、 Enter キーを押して1行分を確定した際や、マクロを実行しようとしたときなどに、自動的に行われます。任意のタイミングでコンパイルだけを行いたい場合は、VBEのメニューから [デバッグ] - [（プロジェクト名）のコンパイル] を選択します。

diffツールでコードの間違いをチェックする

絶対に間違っていないはずなのにエラーが消えないときは、VBEだけではなく、diffツールの力も借りてチェックしてみましょう。diffツールとは、ファイルの内容を比較するためのマクロです。本書を読みながらサンプルマクロを入力していてどうしても間違いが見つけられないときは、ダウンロードしたサンプルファイル（199ページ参照）と比較してみましょう。

例えば、Webサービス「Diffchecker」（https://www.diffchecker.com）では、2つのボックスにマクロをコピー&ペーストし、[Find Difference！]をクリックすると、どこが違うのかを色分けで示してくれます。

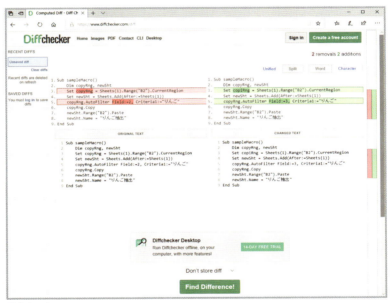

Diffchecker

NO 13 復習ドリル

マクロを自分で読み下してみよう

　1章で学んだことの総仕上げとして、以下の2つの例文にふりがなを振り、読み下し文を自分で考えてみましょう。正解はそれぞれのサンプルファイル名が掲載されているページを確認してください。

問1：計算のサンプル（34ページ参照）

■chap1_7_3

```
Debug.Print (2 + 10) * 5
```

問2：変数を利用した計算のサンプル（39ページ参照）

■chap1_8_2

```
Dim kakaku, urine

kakaku = 100

urine = kakaku * 1.08

Debug.Print kakaku, urine
```

まずは「数値」「変数」「演算子」「メソッド／関数」を区別するところからやってみよう

この中ではDebug.Printがメソッドですよね

Excel VBA
FURIGANA PROGRAMMING

Chapter 2

条件によって
分かれる文を学ぼう

NO 01 条件分岐ってどんなもの？

コンビニではたいていお釣りを「大きいほう」から渡すよね。たぶん接客マニュアルに書いてあるんだと思うけど

「紙幣と硬貨が混ざっていたら、紙幣から先に渡す」とか書いてあるんでしょうね

それと同じように、マクロで「○○だったら、××する」を書くのが条件分岐なんだ

条件分岐を理解するにはマニュアルをイメージする

小説などの文章は先頭から順に読んでいくものですが、業務や家電のマニュアルだと「特定の状況のときだけ読めばいい部分」があります。マクロでも条件を満たすときだけ実行する文があります。それが「条件分岐」です。マクロの流れが分かれるので「分岐」といいます。

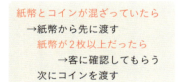

マクロにちょっと気の利いたことをさせようと思えば、条件分岐は欠かせません。分岐が多くなると流れを把握しづらくなるので、「フローチャート（流れ図）」という図を描いて整理します。右図のひし形が条件分岐を表します。

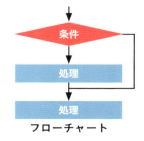
フローチャート

「True（真）」と「False（偽）」

条件分岐のためにまず覚えておいてほしいのが、True（トゥルー）とFalse（フォルス）です。Trueは日本語では「真」と書き、条件を満たした状態を表します。Falseは日本語で「偽」と書き、Trueと逆の条件を満たしていない状態を表します。

これらは文字列や数値と同じ値の一種で、真偽値（または論理値、ブール値）と呼びます。条件をチェックした結果を表す値です。

VBAには、TrueかFalseのどちらかを返す関数やメソッド、演算子があります。これらとTrueかFalseかで分岐する文を組み合わせて、さまざまな条件分岐を書いていきます。

ここまで勉強してきたマクロは、上から下に順番に実行されるものばかりだった。「条件分岐」と次の章で説明する「繰り返し」ではそれが変わるんだ

読み飛ばしたり、何回か同じ部分を繰り返したりすることが出てくるんですね

そういう感じ。こういう文を、流れを制御するという意味で「制御構文」と呼ぶよ

NO 02 入力されたものが数値かどうか調べる

まずは「文字列が数値に変換可能か」をチェックするIsNumeric（イズニューメリック）関数を使ってみよう

それを使えば、InputBox関数で入力したものが数値にできるか判断できますよね

そういうこと

IsNumeric関数の書き方

IsNumeric関数は、渡された値が数値に変換可能ならTrue、変換不可能ならFalseを返します。IsNumeric関数の引数には判定したい値を指定します。

「Numeric」は「数値」という意味で、IsNumericは「数値ですか？」という問いかけをする関数となります。ここでは「数値に変換可能？」と読み下します。次に、値と結果の例をいくつかお見せします。全角数値でもTrue（変換可能）ですが、アルファベットなどが混ざっている場合はFalse（変換不可）です。

```
IsNumeric("4567")      ──── Trueを返す
IsNumeric("-40")       ──── Trueを返す
IsNumeric("1.08")      ──── Trueを返す
IsNumeric("１２３")    ──── Trueを返す
IsNumeric("128ax")     ──── Falseを返す
```

IsNumeric関数を使ってみよう

実際に使ってみましょう。Chapter 1でも何度か書いたInputBox関数でユーザーに入力してもらい、IsNumeric関数で判定した結果を表示します。

■ chap2_2_1

```
変数作成 変数buf
2  Dim buf
   変数buf 入れろ  入力ボックス表示     文字列「入力せよ」
3  buf = InputBox("入力せよ")
   デバッグ機能   表示しろ    数値に変換可能    変数buf
4  Debug.Print IsNumeric(buf)
```

読み下し文

2 **変数buf**を作成しろ

3 **文字列「入力せよ」付きで入力ボックスを表示して、入力結果を変数bufに入れろ**

4 **変数bufが数値に変換可能かを表示しろ**

実行してみましょう。「入力せよ」と表示されるので、まずは数値を入力してみてください。Trueと表示されるはずです。

もう一度マクロを実行して、数値以外のものを入力してみてください。数値以外が含まれていたら、Falseと表示されます。

NO 03　数値が入力されたら計算する

次はIsNumeric関数とIf（イフ）文を組み合わせてみよう

組み合わせるとどうなるんですか？

組み合わせると、IsNumeric関数の結果にあわせて何をするのかが書けるんだよ

If文の書き方を覚えよう

If文は条件分岐の基本になる文です。Ifの後ろに書いた式（条件式）の結果がTrueだったら、その次のThenからEnd Ifまでに囲まれている部分に進みます。Falseだった場合は囲まれている部分はスキップして次に進みます。

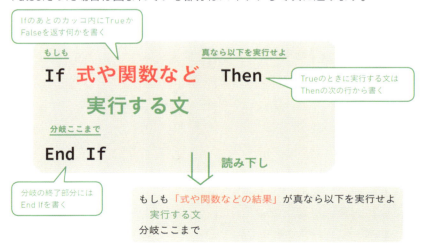

If文では、「実行する文」をThen～End Ifで囲みます。この囲まれた範囲を「**ブロック**」といいます。実行結果に影響はありませんが、ブロック内では Tab キーを押して1段階字下げするのがマナーです。

文字列が数値だったらメッセージを表示する

　If文を使って、文字列が数値に変換可能なときに、「数値に変換可能」と表示するようにしてみましょう。Ifの後ろにIsNumeric関数を書きます。

■chap2_3_1

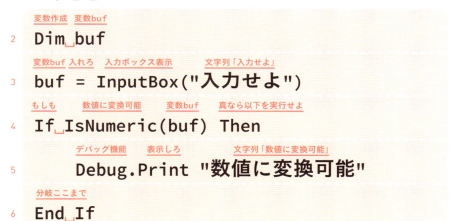

読み下し文

2　**変数buf**を作成しろ

3　**文字列「入力せよ」**付きで入力ボックスを表示して、入力結果を**変数buf**に入れろ

4　もしも「**変数bufは数値に変換可能の結果**」が真なら以下を実行せよ

5　　　**文字列「数値に変換可能」**を表示しろ

6　分岐ここまで

　Thenは「そのとき」といった意味ですが、本書では「真なら以下を実行せよ」とふりがなを振っています。「Trueのときに実行する」というニュアンスを込めてみました。

数値のときは計算する

今度は、入力した値が数値のときだけ計算するようにしてみましょう。IsNumeric関数は「数値に変換可能」のときにTrueを返すので、Then〜End If の間に計算を行う式を書きます。

■chap2_3_2

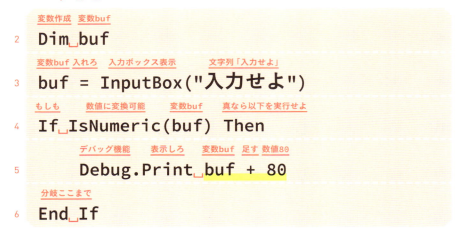

実行し、入力ダイアログボックスに数値を入力した場合のみ計算が行われます。数値以外を入力した場合には、何も起きません。

VBAは数値に自動変換して計算する

VBAで「Debug.Print "１２３" + 1000」を実行すると結果はどうなるでしょうか。全角数字の文字列「１２３」と数値1000を+演算子で計算しているので、「１２３1000」という文字列が表示されそうです。しかし、結果は「1123」となります。VBAでは、文字列と数値を算術演算子で計算した場合「文字列が数値に変換可能なら、数値に自動変換して計算してしまう」という仕組みになっています。

ブロックとインデント

　実行する部分をブロックに分けるという考え方は、Chapter 3の繰り返し文などにも出てくるので、もう少し補足しましょう。ブロックは**複数の文をまとめて1つの文の一部にする**働きがあります。つまり、If文というのは「If」の行だけを指すのではなく、「End If」までがひとかたまりです。

　「End If」のあとはブロックの外なので、その部分は上のIf文とは関係なくなり、TrueのときでもFalseのときでも常に実行されます。

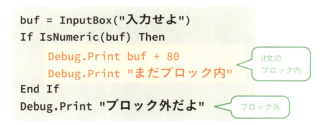

　少しややこしいので、フローチャートでも表してみましょう。条件のところを赤いひし形で示しています。Trueの場合はブロック内の文に進み、そのあとブロック外の文に合流します。Falseの場合はブロック外に進みます。

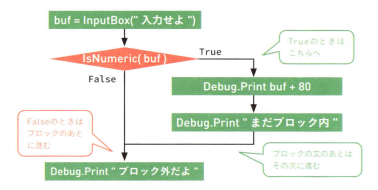

　ブロック内はそれがわかりやすいように1段階字下げします。これを**インデント**といいます。VBAの場合、インデントがなくても結果は同じですが、あったほうがブロック内ということがわかりやすいですね。

NO 04 数値が入力されていないときに警告する

> さっきのマクロだと数値以外を入力すると何もしないですよね。不親切じゃないですか？

> じゃあ、数値以外だったら「数字ではない」と表示させてみよう

Else句の書き方を覚えよう

Falseのときにも何かをしたいときは、<u>If文のブロックの中にElse句（エルスく）を追加します</u>。

If文のあとにElse「文」を足すのではなく、If「句」からElse「句」まで含めて1つのIf「文」です。ですから「If 条件式 Else」のように<u>Else句だけを書こうとするとエラーになります</u>。

Else句を追加してみよう

Else句を使ったマクロを書いてみましょう。5行目までは先ほどの chap2_3_2と同じなので、流用してもOKです。

■ chap2_4_1

```
変数作成  変数buf
2  Dim_buf

   変数buf 入れろ    入力ボックス表示         文字列「入力せよ」
3  buf = InputBox("入力せよ")

   もしも      数値に変換可能      変数buf     真なら以下を実行せよ
4  If_IsNumeric(buf) Then

           デバッグ機能     表示しろ    変数buf 足す 数値80
5      Debug.Print_buf + 80

   そうでない場合は以下を実行せよ
6  Else

           デバッグ機能     表示しろ         文字列「数値計算不可」
7      Debug.Print "数値計算不可"

   分岐ここまで
8  End_If
```

読み下し文

2 変数bufを作成しろ

3 文字列「入力せよ」付きで入力ボックスを表示して、入力結果を変数bufに入れろ

4 もしも「変数bufは数値に変換可能」が真なら以下を実行せよ

5 　変数bufに数値80を足した結果を表示しろ

6 そうでなければ以下を実行せよ

7 　文字列「数値計算不可」を表示しろ

8 分岐ここまで

このマクロを実行すると、数値を入力した場合は、If句のブロック内に進むので同じように80を足した結果になります。

数値に変換できないものを入力した場合は、Else句のブロックに進むので、「数値計算不可」と表示します。

フローチャートを見てみましょう。Falseの場合はブロックの次に進むのではなく、Else句のブロックに進んでから、ブロックの外に進みます。今回のサンプルではElse句のあとは何もないので、マクロが終了します。

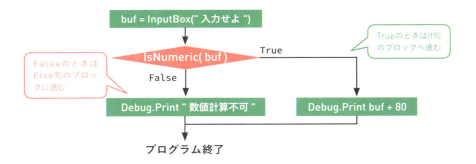

変数のところに実際の値を当てはめる

> マクロを実行した結果とフローチャートは理解できるんですよ。でも、マクロや読み下し文を読んだときに理解する自信がないです……

> なるほどね。読み下し文を一緒にじっくり読んでみよう

　次の図はサンプルマクロの読み下し文からIf文のところだけを抜き出し、さらに<u>変数bufの部分に実際の文字列を当てはめてみたもの</u>です。

　ユーザーが「100」と入力した場合、「"100"は数値に変換可能」は真です。ですからその直下のブロックを実行します。逆にそのあとの「そうでなければ〜」の部分は該当しないので、その直下のブロックは実行しません。

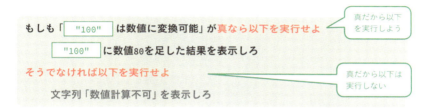

　ユーザーが「Hello」と入力した場合、「"Hello"は数値に変換可能」は偽なので、その直下のブロックは実行しません。逆にそのあとの「そうでなければ〜」の部分に該当するので、その直下のブロックを実行します。

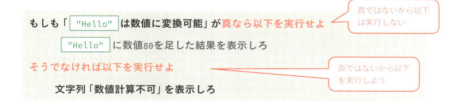

> あ、変数のところに実際の値を当てはめてみると、そのとおりに読めますね

> よかった！　読み下し文ではなくマクロを直接読む場合も、意味がわからないときは変数に実際の値を当てはめてみると理解できることがあるよ

NO 05 比較演算子で大小を判定する

実は毎月アンケートの集計をしてるんですけど、回答者の年齢を見て「未成年」「成人」とか振り分けないといけないんですよ。VBAのマクロでできませんか？

アンケートを振り分けるマクロはすぐには作れないけど、年齢層を判定するだけのマクロなら作れるよ

判定のやり方だけでもいいので教えてください

比較演算子の使い方を覚えよう

年齢層の判定とは、「20歳未満なら未成年」「20歳以上なら成年」というように、与えられた数値が基準値より大きいか小さいかを調べることです。

VBAでこのような「大きい」「小さい」「等しい」といった判定を行うには、比較演算子を使った式を書きます。

主な比較演算子

演算子	読み方	例
<	左辺は右辺より小さい	a < b
<=	左辺は右辺以下	a <= b
>	左辺は右辺より大きい	a > b
>=	左辺は右辺以上	a >= b
=	左辺と右辺は等しい	a = b
<>	左辺と右辺は等しくない	a <> b

数学で習う「不等式」と似ていますね。ただし、数学の不等式は解（答え）を求めるための前提条件を表すものですが、マクロの比較演算子は、「+」や「-」

などの計算を行う算術演算子と同じように結果を出すための命令です。<u>その結果とはTrueとFalse</u>です。

比較する式の結果を見てみよう

実際にマクロを書いて確認してみましょう。比較演算子を使った式をDebug.Printメソッドの引数にして、式の結果を表示させます。

■chap2_5_1

```
Debug.Print 4 < 5
```

読み下し文

「数値4は数値5より小さい」の結果を表示しろ

「数値4は数値5より小さい」は当然正しいですね。ですから表示される結果はTrueです。では、正しくない式だったらどうなるのでしょうか？

■chap2_5_2

```
Debug.Print 6 < 5
```

読み下し文

2 「数値6は数値5より小さい」の結果を表示しろ

　「数値6は数値5より小さい」は正しくありません。その場合の結果はFalseになります。
　数値同士の比較だと結果は常に同じです。しかし、比較演算子の左右のどちらか、もしくは両方が変数だったら、変数に入れた数値よって結果が変わることになります。また、式の結果はTrueかFalseになりますから、If文と組み合わせて使えるのです。

If文と比較する式を組み合わせる

　実際にIf文と組み合わせて使ってみましょう。InputBox関数でユーザーに年齢を入力してもらい、その数値が20未満だったら「未成年」と表示します。

■ chap2_5_3

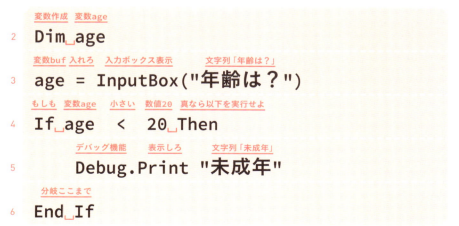

読み下し文

2 **変数ageを作成しろ**

3 **文字列「年齢は？」付きで入力ボックスを表示して、入力結果を変数ageに入れろ**

4 **もしも「変数ageは数値20より小さい」が真なら以下を実行せよ**

5 　　**文字列「未成年」を表示しろ**

6 **分岐ここまで**

VBAの「=（イコール）」には2つの意味がある

=演算子は、文の先頭が変数のときは「変数に入れろ」という意味ですが、それ以外のときは「左辺と右辺が等しい」ことを調べるという意味になります。そのため、次の例のように紛らわしい文も書けます。ややこしいので、「等しい」を意味する=演算子はIf文の条件式の中だけで使うことをおすすめします。

■ chap2_5_4

　　　変数作成　変数age
2　`Dim age`

　　　変数age 入れろ 数値5
3　`age = 5`

　　　デバッグ機能　　表示しろ　　変数age　　等しい　数値5
4　`Debug.Print age = 5` ── **Trueと表示される**

読み下し文

2 **変数ageを作成しろ**

3 **数値5を変数ageに入れろ**

4 **「変数ageは数値5と等しい」の結果を表示しろ**

NO 06　3段階以上に分岐させる

「未成年」「成人」「高齢者」の3つで判定したいときはどうしたらいいでしょうか？

 そういうときはElseIf句を追加して、複数の条件を書くんだ

ElseIf句の書き方を覚えよう

If文に<u>ElseIf句</u>を追加すると、If文に複数の条件を持たせることができます。「そうではなく『〜〜』が真なら以下を実行せよ」と読み下します。

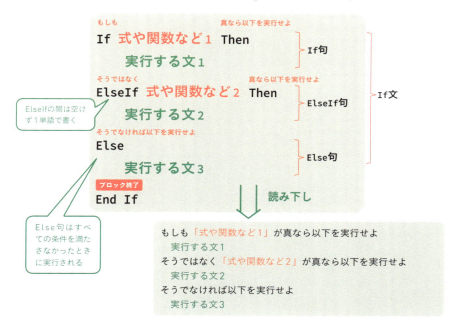

「未成年」「成人」「高齢者」の3段階で判定するマクロを書いてみましょう。ElseIf句を追加して<u>「20歳未満」「65歳未満」の2条件</u>で判定します。

■ chap2_6_1

変数作成　変数age
2 `Dim_age`

変数age入れろ　入力ボックス表示　　　文字列「年齢は？」
3 `age = InputBox("年齢は？")`

もしも　変数age　小さい　数値20　真なら以下を実行せよ
4 `If_age  <  20_Then`

　　　　デバッグ機能　　表示しろ　　　文字列「未成年」
5 `        Debug.Print "未成年"`

そうではなく　変数age　小さい　数値65　真なら以下を実行せよ
6 `ElseIf_age  <  65_Then`

　　　　デバッグ機能　　表示しろ　　文字列「成人」
7 `        Debug.Print "成人"`

そうでなければ以下を実行せよ
8 `Else`

　　　　デバッグ機能　　表示しろ　　　文字列「高齢者」
9 `        Debug.Print "高齢者"`

分岐ここまで
10 `End_If`

読み下し文

2 **変数 age**を作成しろ

3 **文字列「年齢は？」**付きで入力ボックスを表示して、入力結果を**変数 age**に入れろ

4 もしも「**変数 age**は**数値20**より小さい」が真なら以下を実行せよ

5 　　**文字列「未成年」**を表示しろ

6 そうではなく「**変数 age**は**数値65**より小さい」が真なら以下を実行せよ

7 　　**文字列「成人」**を表示しろ

8 そうでなければ以下を実行しろ

9 　　**文字列「高齢者」**を表示しろ

10 　分岐ここまで

マクロを何回か実行して、3つの層の年齢を入力してみてください。20歳未満の年齢を入力したときはIf句のブロックに進んで「未成年」と表示されます。65歳未満の年齢を入力するとElseIf句のブロックに進んで「成人」と表示されます。65歳以上の年齢を入力した場合、20歳未満でも65歳未満でもないため、Else句のブロックに進んで「高齢者」と表示されます。

　フローチャートで表すと、If句のひし形のFalseの先にElseIf句のひし形がつながります。ElseIf句をさらに増やした場合は、If句とElse句のブロックの間にひし形がさらに追加された図になります。

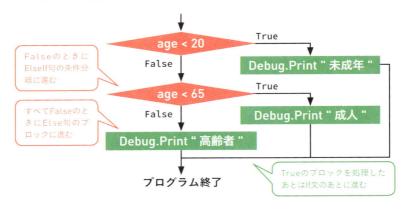

ElseIfを使わずにIf文を2つにするとどうなる？

ふと思ったんですが、2つの条件式をElseIfを使わずに、2つのIf文に分けても同じじゃないんですか？

それはうまくいかないよ。実際にやってみようか

　条件式を2つ使うのであれば、If文を2つにしても同じ結果になると思うかもしれません。しかし実際は大きな違いがあります。ElseIfを使った場合は全体で1つのIf文と見なされるので、**実行されるブロックはその中のどれか1つだけです**。ところがIf文を2つに分けた場合、複数のブロックが実行される可能性が出てきてしまいます。

　具体的には、「age<20」と「age<65」の2つの条件式をElseIfを使わずに2つのIf文に変更した場合、20歳未満の年齢を入力すると、の両方ともTrueになるため、「未成年」「成人」の両方が表示されてしまいます。

　変数の部分に実際の値を当てはめた読み下し文で確認してみましょう。2つの条件が真実となってしまっていますね。

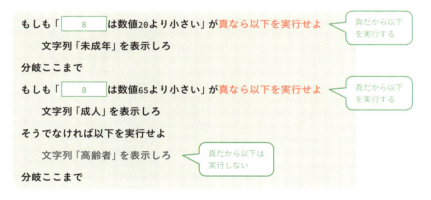

NO 07 条件分岐の中に条件分岐を書く

年齢に応じて表示できるようになりましたけど、数値以外を入力した場合も「高齢者」と表示されてしまいます……

それなら2つのIf文を組み合わせて書くといいよ。数値変換を判定するブロックの中に、年齢に応じた判定を書くんだ

2つのIf文を組み合わせる

「数値に変換可能」がTrueのときだけ年齢層の判定をしたい場合は、「数値に変換可能」を条件にするIf文のブロック内に年齢判定のIf文を書きます。chap2_3_1とchap2_5_3のコードを組み合わせるイメージです。

■chap2_7_1

```
                変数作成  変数age
2   Dim age
       変数age 入れろ   入力ボックス表示       文字列「年齢は？」
3   age = InputBox("年齢は？")
      もしも      数値に変換可能     変数age       真なら以下を実行せよ
4   If IsNumeric(age) Then
              もしも 変数age  小さい  数値20  真なら以下を実行せよ
5       If age  <   20 Then
                    デバッグ機能      表示しろ       文字列「未成年」
6           Debug.Print "未成年"
           分岐ここまで
7       End If
     分岐ここまで
8   End If
```

読み下し文

2 **変数ageを作成しろ**
3 **文字列「年齢は？」付きで入力ボックスを表示して、入力結果を変数ageに入れろ**
4 **もしも「変数ageは数値に変換可能」が真なら以下を実行せよ**
5 　**もしも「変数ageは数値20より小さい」が真なら以下を実行せよ**
6 　　**文字列「未成年」を表示しろ**
7 　**分岐ここまで**
8 **分岐ここまで**

　数値を入力したときの結果は変わりませんが、数値以外を入力したときは、何も出力せずにマクロが終了します。

　フローチャートにすると、1つ目のIf文のTrueの先に、2つ目のIf文が来ることがわかります。インデントが深くなるのと同様に、右方向に伸びていきます。

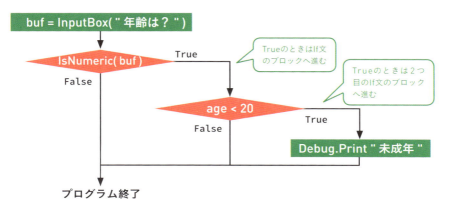

NO 08 複数の比較式を組み合わせる

今度は6～15歳だけを判定したいです

 それは義務教育期間だね。2つの数値の範囲内にあるかどうかで判定したいときは、論理演算子を利用するんだ

論理演算子の書き方を覚えよう

論理演算子は真偽値(TrueかFalse)を受けとって結果を返す演算子で、**And（アンド）、Or（オア）、Not（ノット）**の3種類があります。

1つ目のAnd演算子は<u>左右の値が両方ともTrueのときだけTrueを返します</u>。この説明ではピンと来ないかもしれませんが、値の代わりに比較演算子を使った式を左右に置いてみてください。比較演算子はTrueかFalseを返すので、2つの式が同時にTrueを返したときだけ、And演算子の結果もTrueになります。

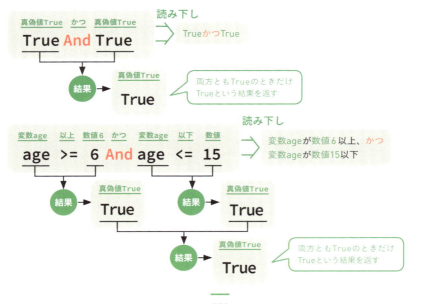

And演算子は「かつ」と訳すことが多いので、本書もそれにならいます。

義務教育の対象かどうかをチェックする

6〜15歳という範囲は「6以上」と「15以下」という2つの条件を組み合わせたものですから、And演算子を使えば1つのIf文で判定できます。

■chap2_8_1

```
2   Dim age
3   age = InputBox("年齢は？")
4   If age >= 6 And age <= 15 Then
5       Debug.Print "義務教育の対象"
6   End If
```

行2 変数作成 変数age
行3 変数age 入れろ 入力ボックス表示 文字列「年齢は？」
行4 もしも 変数age 以上 数値6 かつ 変数age 以下 数値15 真なら以下を実行せよ
行5 デバッグ機能 表示しろ 文字列「義務教育の対象」
行6 分岐ここまで

読み下し文

2 変数ageを作成しろ

3 文字列「年齢は？」付きで入力ボックスを表示して、入力結果を変数ageに入れろ

4 もしも「変数ageが数値6以上、かつ変数ageが数値15以下」が真なら以下を実行せよ

5 　文字列「義務教育の対象」を表示しろ

6 分岐ここまで

マクロを実行して、6〜15歳の間の年齢を入力してみてください。「義務教育の対象」と表示されます。

幼児と高齢者だけを対象にする

　今度はOr演算子を使ってみましょう。Or演算子は<u>左右のどちらかがTrueのときにTrueを返し</u>、「または」と読み下します。次のマクロでは、年齢が5歳以下または65歳以上の場合に「幼児か高齢者」と表示します。

■chap2_8_2

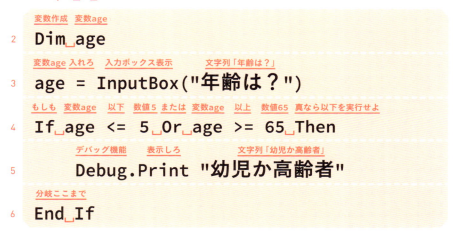

読み下し文

2　**変数age**を作成しろ

3　**文字列「年齢は？」**付きで入力ボックスを表示して、入力結果を**変数age**に入れろ

4　もしも「**変数age**が**数値5**以下、または**変数age**が**数値65**以上」が真なら以下を実行せよ

5　　　**文字列「幼児か高齢者」**を表示しろ

6　分岐ここまで

Not演算子を使ってFalseのときだけ実行する

3つ目のNot演算子は、**直後（右側）にあるTrueとFalseを逆転します**。真偽値を返す関数やメソッドの戻り値を逆転させたい場合などに使います。Not演算子は左側に値を置くことができません。

■ chap2_8_3

```
2  Dim age
3  age = InputBox("年齢は？")
4  If Not IsNumeric(age) Then
5      Debug.Print "数値を入力して"
6  End If
```

本書ではNot演算子を「ではない」と読み下します。

読み下し文

2　**変数ageを作成しろ**

3　**文字列「年齢は？」付きで入力ボックスを表示して、入力結果を変数ageに入れろ**

4　**もしも、「変数ageが数値に変換可能、ではない」なら以下を実行せよ**

5　　　**文字列「数値を入力して」を表示しろ**

6　**分岐ここまで**

NO 09　年齢層を分析するマクロを作ってみよう

ここまでに作った「数値に変換可能かどうかの判定」「年齢層の判定」「義務教育期間の判定」を組み合わせてみよう

長いマクロになりそうですね

ちょっとだけね

年齢層を分析するマクロの仕様

マクロを書き始める前に、マクロの仕様を整理しておきましょう。

- **ユーザーに年齢を入力させる**
- **入力した値が数値に変換可能のときだけ年齢層の判定を行う**
- **年齢に応じて「未成年」「成人」「高齢者」の3つの結果を表示する**
- **未成年のうち、義務教育期間の場合は「未成年」「(義務教育)」と表示する**

マクロの実行結果は次のとおりです。

「数値判定」のブロック内に「3段階の判定」を書く

先に義務教育期間の判定以外のところを書いていきましょう。まずユーザーに年齢を入力させるInputBox関数を書きます。次に、入力した値をIsNumeric関数で数値に変換可能か判定するIf文を書きます。さらにそのIf文のブロック内に、年齢層を3段階で判定するIf～ElseIf～Elseを書きます。

■ chap2_9_1

```
2    Dim age
3    age = InputBox("年齢は？")
4    If IsNumeric(age) Then
5        If age < 20 Then
6            Debug.Print "未成年"
7        ElseIf age < 65 Then
8            Debug.Print "成人"
9        Else
10           Debug.Print "高齢者"
11       End If
12   End If
```

Chap.

2

条件によって分かれる文を学ぼう

087

ちょうどchap2_7_1の内容にchap2_6_1を継ぎ足したようなマクロです。ブロックの中にブロックが入るのでインデントで整理しながら書いていきましょう。

読み下し文

2	変数ageを作成しろ
3	文字列「年齢は？」付きで入力ボックスを表示して、入力結果を変数ageに入れろ
4	もしも「変数ageは数値に変換可能」が真なら以下を実行せよ
5	もしも「変数ageは数値20より小さい」が真なら以下を実行せよ
6	文字列「未成年」を表示しろ
7	そうではなく「変数ageは数値65より小さい」が真なら以下を実行せよ
8	文字列「成人」を表示しろ
9	そうでなければ以下を実行しろ
10	文字列「高齢者」を表示しろ
11	分岐ここまで
12	分岐ここまで

この段階のマクロを実行すると、入力した年齢に応じて3段階の結果が表示されます。数字以外を入力した場合は、マクロが終了します。

 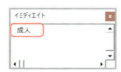 

長いですね〜。Ifばっかりでどこまで入力したのかわからなくなりそう

少し長いマクロを入力するときは、一気に入力せずに、途中の段階で実行して動作を確認するといいよ

義務教育期間の判定を追加する

未成年だったときに義務教育期間かを判定する部分を追加しましょう。

■ chap2_9_2

```
2    Dim age

3    age = InputBox("年齢は？")

4    If IsNumeric(age) Then

5        If age < 20 Then

6            Debug.Print "未成年"

7            If age >= 6 And age <= 15 Then

8                Debug.Print "(義務教育)"

9            End If

10       ElseIf age < 65 Then

11           Debug.Print "成人"

12       Else

13           Debug.Print "高齢者"

14       End If
```

```
15  End_If
```
　　　分岐ここまで

7〜9行目が新たに追加した部分です。「age<20」を確認しているIf句のブロック内にIf文を書き、6〜15歳なら「(義務教育)」と表示します。

読み下し文

2　**変数ageを作成しろ**

3　**文字列「年齢は？」付きで入力ボックスを表示して、入力結果を変数ageに入れろ**

4　**もしも「変数ageは数値に変換可能」が真なら以下を実行せよ**

5　　　**もしも「変数ageは数値20より小さい」が真なら以下を実行せよ**

6　　　　　**文字列「未成年」を表示しろ**

7　　　**もしも「変数ageが数値6以上、かつ、変数ageが数値15以下」が真なら以下を実行せよ**

8　　　　　**文字列「(義務教育)」を表示しろ**

9　　　**分岐ここまで**

10　　**そうではなく「変数ageは数値65より小さい」が真なら以下を実行せよ**

11　　　　**文字列「成人」を表示しろ**

12　　**そうでなければ以下を実行しろ**

13　　　　**文字列「高齢者」を表示しろ**

14　　**分岐ここまで**

15　**分岐ここまで**

6〜15歳の年齢を入力して「(義務教育)」も追加表示されることを確認しましょう。

NO.09

> できました！ 長いマクロがちゃんと動くと達成感がありますね

マクロをよりシンプルにするための工夫

今回のマクロの場合、入力された文字列が数値に変換不可な場合、それ以降の部分は実行する必要がありません。そこで「数値に変換不可」かどうかの判定を行い、不可だったときにマクロを中断してしまえば、それ以降の文はインデントを一段階減らすことができます。マクロを途中で中断する場合には「Exit Sub」とコードを書きます。

■chap2_9_3（chap2_9_2改良案）

```
2    Dim age
          変数作成 変数age

3    age = InputBox("年齢は？")
     変数age 入れろ  入力ボックス表示   文字列「年齢は？」

4    If Not IsNumeric(age) Then
     もしも ではない  数値変換判定   変数age  真なら以下を実行せよ

5        Exit Sub ──数値に変換できない場合はマクロを中断
         マクロを中断しろ

6    End If
     分岐終わり

7    If age < 20 Then ──以降は数値に変換できる場合のみ実行
     もしも 変数age 小さい 数値20 真なら以下を実行せよ

     …以下略…
```

Chap. 2 条件によって分かれる文を学ぼう

NO.10 エラーに対処しよう②

変数の宣言を強制する

　だんだんと長いマクロが書けるようになってくると起こりがちなミスが、「変数名の入力ミス」です。まずは次のコードを見てください。

■間違いのあるコード

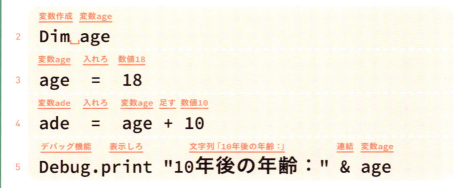

　変数ageを使って、10年後の年齢を計算するつもりのマクロです。一見すると、2行目で変数ageに設定した「18」に、3行目で「10」を加えて表示しているように見えますが、結果は次の図のようになります。

　最初に設定した「18」のままで、10が足されていません。この原因は、3行目の先頭部分で「age」と書くつもりが「ade」と書いてしまったことです。
　実はVBAでは変数はDim文で作成しなくてもいきなり使うこともできます。そのため、3行目の内容は「変数ageと数値10を足した結果を、（新たに用意した）変数adeに入れろ」という意味となってしまっているのです。

このようなミスをしないためにおすすめなのが、「Option Explicit（オプション・エクスプリシット）」です。Explicitは「明示的な」という意味です。この文を標準モジュールの先頭に書いておくと、そのモジュール内ではDim文で作成していない変数は使えないようになります。

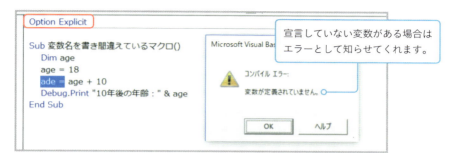

エラーなのに、味方みたいで頼もしいですね

そうだね。エラーと聞くと怒られてる気持ちになるけど、実は間違ってる部分を教えてくれているってことなんだよ

大変便利な仕組みなので、変数をよく使うようになってきたら、最初からOption Explicitを書くことをおすすめします。

Option Explicitを自動的に挿入する

VBEのメニューから［ツール］-［オプション］を選択して［オプション］ダイアログボックスを表示し、［編集］タブの［変数の宣言を強制する］にチェックマークを付けましょう。以降は標準モジュールを新規作成するたびに、「Option Explicit」を自動的に入力してくれるようになります。

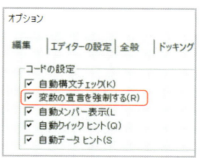

NO 11 復習ドリル

問題1：6歳未満なら「幼児」と表示するマクロを作る

以下の読み下し文を参考にして、そのとおりに動くマクロを書いてください。
ヒント：chap2_5_3が参考になります。

読み下し文

2 **変数ageを作成しろ**
3 **文字列「年齢は？」付きで入力ボックスを表示して、入力結果を変数ageに入れろ**
4 **もしも「変数ageは数値6より小さい」が真なら以下を実行せよ**
5 **　　文字列「幼児」を表示しろ**
6 **分岐ここまで**

完成したマクロを実行すると、6歳未満の数値を入力したときに「幼児」と表示されます。

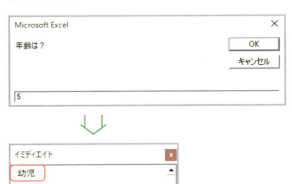

問題2：以下のマクロの問題点を探す

以下のマクロには大きな問題があります。ふりがなを振り、何が問題か説明してください。

ヒント：chap2_8_2が参考になります。

■ chap2_11_2

```
Dim age

age = InputBox("年齢は？")

If age <= 5 And age >= 65 Then

    Debug.Print "幼児か高齢者"

End If
```

1行でIf文を書く

If文で真のときに実行したい文が1つだけの場合は、次のように1行で書くこともできます。

```
If age < 6 Then Debug.Print "幼児"
```

この書き方は、次のIf文とまったく同じ意味です。

```
If age < 6 Then

  Debug.Print "幼児"

End If
```

本書では、わかりやすく読み下すことを優先して、ブロックを作る方法を採用していますが、こういう書き方もあるということを頭に入れておきましょう。

解答1

解答例は次のとおりです。

■ chap2_11_1

```
変数作成 変数age
2  Dim age

   変数age 入れろ  入力ボックス表示    文字列「年齢は？」
3  age = InputBox("年齢は？")

   もしも 変数age  小さい 数値6 真なら以下を実行せよ
4  If age  <  6 Then

            デバッグ機能     表示しろ    文字列「幼児」
5      Debug.Print "幼児"

   分岐ここまで
6  End If
```

解答2

「ageが5以下」と「ageが65以上」を同時に満たすことがないため、「age <= 5 And age >= 65」が真（True）になることはありえません。chap2_8_2のようにOr演算子を使いましょう。

■ chap2_11_2

```
変数作成 変数age
2  Dim age

   変数age 入れろ  入力ボックス表示      文字列「年齢は？」
3  age = InputBox("年齢は？")

   もしも 変数age 以下 数値5 かつ 変数age 以上 数値65 真なら以下を実行せよ
4  If age <= 5 And age >= 65 Then

             デバッグ機能    表示しろ      文字列「幼児か高齢者」
5      Debug.Print "幼児か高齢者"

   分岐ここまで
6  End If
```

Excel VBA
FURIGANA PROGRAMMING

Chapter 3

繰り返し文を学ぼう

NO 01　繰り返し文ってどんなもの？

おやおや、すごく忙しそうだね

忙しいっていうか、繰り返し作業が多いんですよ。こういうのもマクロで何とかできますよね？

詳しく聞かないと何ともいえないけど、できることもあるはずだよ

効率を大幅アップする繰り返し文

　繰り返し文とは、名前のとおり同じ仕事を繰り返すための文です。条件分岐と同じく小説などには普通出てきません。とはいえ、繰り返し文を使えば効率が大幅に上がる、ということは予想が付くと思います。

　繰り返し文をフローチャートで表すと、角を落とした四角形2つを矢印でつないだ形になります。矢印の流れが輪のようになるので、英語で輪を意味する「ループ（loop）」とも呼ばれます。
　Excelのマクロの多くも、「選択範囲内のすべてのセルに対して同じ仕事を繰り返す」といったループ構造になっています。

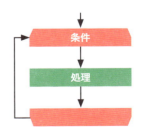

繰り返しと配列

Chapter 3では繰り返しとあわせて「配列」という仕組みが登場します。配列は関連するデータをリストアップして記憶できる仕組みで、繰り返し文と組み合わせると直感的に連続処理できます。

繰り返し文は難しい？

繰り返し文は、まったく同じ仕事を繰り返すだけなら難しくないのですが、それでは大して複雑なことはできません。繰り返しの中で変数の内容を変化させたり、繰り返しを入れ子にしたり、分岐を組み合わせたりしていくと、だんだんややこしくなっていきます。

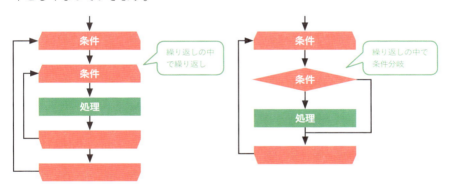

複雑な繰り返し文が難しいのは確かなのですが、よく使われるパターンはそれほど多くありません。変数に実際の値をはめ込む「穴埋め図」などを使って、少しずつ理解を深めていきましょう。

難しいのはイヤですけど、単純な繰り返し作業を自分でやるよりはいいですよ

その気持ちは大事だね。プログラミングでは、単純作業をいかに減らすかって考え方が大切なんだよ

NO 02　条件式を使って繰り返す

繰り返し文は何種類かあるけど、まずはDo While（ドゥ ホワイル）文からやってみよう

何で繰り返しが「Do While」なんですか？

Whileには「〜である限り」という意味がある。Do While 文も「条件を満たす限り繰り返す」んだ

Do While文の書き方を覚えよう

　<u>Do While文は、条件を満たす間繰り返しをする文</u>です。<u>While</u>の後ろに、TrueかFalseを返す式や関数を書きます。そのため、書き方はIf文に似ています。繰り返したい文のブロックの終わりには<u>Loop</u>と書きます。

```
真である限り繰り返せ
Do While  継続条件    ← 真偽値を返す式や関数を書く
    繰り返したい文
繰り返しここまで
Loop
```

ブロックの中に繰り返したい文を書く

⇩ 読み下し

「継続条件」が真である限り以下を繰り返せ
　繰り返したい文
繰り返しここまで

　英語のWhileには「〜する限り」という意味があるので「継続条件が真である限り」と読み下すことにしました。Loopは「輪」という意味なのですが、本書ではブロックの終わりに置くキーワードということに注目して「繰り返しここまで」と読み下します。
　では、さっそくDo While文を使う具体的な例を見ていきましょう。

残高がゼロになるまで繰り返す

次のマクロは、「50,000円の資金から10,800円ずつ引いていった経過」を表示します。「変数shikinが0以上」をDo While文の継続条件にしました。

■ chap3_2_1

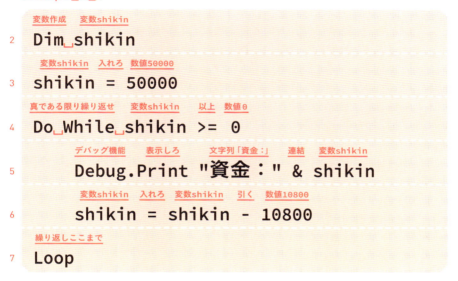

読み下し文

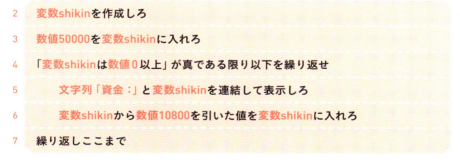

マクロを実行すると、5回目で繰り返しが終了します。

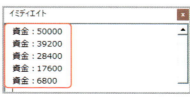

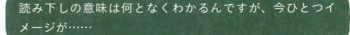
読み下しの意味は何となくわかるんですが、今ひとつイメージが……

穴埋め文で考えてみよう

次の図はDo While文のブロック内を穴埋め文で表したものです。繰り返し文なので、ブロック内の文は、繰り返しの数だけ展開されることになります。

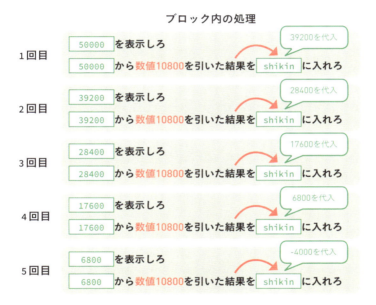

このように繰り返し文は、マクロ上は短い文でも展開されて長い実行結果になるものなのです。

変数shikinの中身がちょっとずつ減っていきますね！ 最後には「-4000」になってしまう

そういうこと。そして、「shikin>=0」がFalseになるから繰り返しは終了するんだ

変数から少しずつ引く式を理解する

While文の意味はわかったんですが、「shikin=shikin-10800」って何か変じゃないですか？

そう感じる人は結構いるんだよね。たぶん数学で「=」を「等しい」と習ったせいだと思うけど

VBAだと意味が違うんですね

　数学の方程式では「shikin=shikin-10800」は成立しません。しかし、<u>VBAの「=」は代入演算子で、「変数に入れろ」という命令です</u>。代入演算子の優先順位はかなり低いので、たいてい「=」の左右にある式を処理してから仕事をします。

　つまり、「shikin=shikin-10800」は、変数shikinのその時点の値から10800を引き、その結果を変数shikinに入れろという意味になります。繰り返し文の中で書くと、繰り返しのたびに変数shikinは10800ずつ減っていきます。

■ chap3_2_1（抜粋）

```
         変数shikin  ❷入れろ 変数shikin  ❶引く 数値10800
         shikin  =  shikin  -  10800
```

無限ループに注意

Do While文の条件式などを書き間違えると、「ずっと条件式を満たす繰り返し処理」となってしまうことがあります。このような状態を「無限ループ」といいます。マクロが無限ループにおちいるといつまで経っても終わらないため、Excel自体が反応しなくなてしまいます。無限ループの解消法については、126ページを参照してください。

NO 03 仕事を10回繰り返す

次はFor（フォー）文を使って「10回繰り返す文」の書き方を覚えてみよう

これも何で「For」なのか謎ですね？

「For 3 days」（3日間）のように期間を表す意味合いがあるから、そこから来てるんじゃないかな

For文の書き方を覚えよう

For文は回数が決まった繰り返しに向いています。繰り返し回数をカウントするための変数（**カウンタ変数**）を用意し、Forの後ろに、**変数=開始値 To 終了値**の形式で繰り返し回数を指定します。繰り返し文のブロックの終わりには<u>Next</u>と書きます。

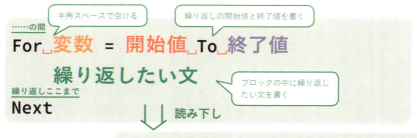

「10回」繰り返したい場合は、「開始値1、終了値10」と指定します。少しややこしく感じるかもしれませんが、「5〜14」「10〜19」などいろいろなパターンの繰り返しが実行できるのです。

また、読み下しに関しては、Forを「…の間、以下を繰り返せ」とし、Nextは、英単語としては「次の」という意味ですが、プログラム的な意味を考え、本書では「繰り返しここまで」と読み下すこととします。

同じメッセージを10回表示する

「ハロー！」を10回表示する繰り返し文を書いてみましょう。10回繰り返したい場合はカウンタ変数の開始値に1、終了値に10を指定します。

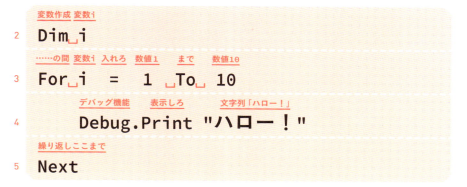

■chap3_3_1

```
    変数作成 変数i
2   Dim i
    ……の間 変数i 入れろ 数値1 まで 数値10
3   For i = 1 To 10
            デバッグ機能  表示しろ  文字列「ハロー！」
4       Debug.Print "ハロー！"
    繰り返しここまで
5   Next
```

読み下し文

2 変数iを作成しろ
3 数値1を変数iに入れ、数値10まで変化させる間、以下を繰り返せ
4   文字列「ハロー！」を表示しろ
5 繰り返しここまで

このマクロを実行すると、「ハロー！」が10回表示されます。

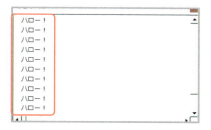

メッセージの中に回数を入れる

繰り返したい文の中でカウンタ変数を使ってみましょう。Debug.Printメソッドの引数にして「回目のハロー！」という文字列と並べて表示します。

■chap3_3_2

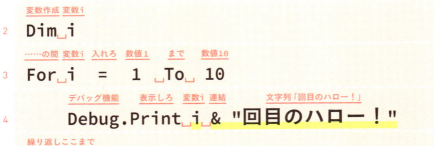

読み下し文

2 　変数iを作成しろ

3 　数値1を変数iに入れ、数値10まで変化させる間、以下を繰り返せ

4 　　　変数iと文字列「回目のハロー！」を連結して表示しろ

5 　繰り返しここまで

カウンタ変数の定番は「i」

For文のカウンタ変数の名前には、VBAに限らず伝統的にアルファベットの「i」が使われます。もちろん「cnt」「countIndex」「kaisu」など自由に変えてもかまいませんが、特に思いつかないときは「i」にするのが無難です。

> それにしても、読み下し文の意味がわかりにくいですね。結果は見ればわかるんですが……

> 人間が読む文章には「繰り返し文」ってないからイメージしにくいよね。ロボットとベルトコンベアをイメージしてみよう

「繰り返したい文」をロボットへの指示書としてイメージする

「繰り返したい文」を工場で働くロボットへの指示だと捉え直してみましょう。For文のたとえとして、ロボットの前にベルトコンベアがある状態をイメージしてください。ベルトコンベアの上を1～10の数値が流れてきます。ロボットは数値を1つ拾って指示書の変数iの部分にはめ込み、それにしたがって仕事をします。それを最後の数値になるまで繰り返すと、「1回目のハロー！」から「10回目のハロー！」が順番に表示されるのです。

> 商品を箱詰めするロボットとか、自動的に溶接するロボットとかが仕事している様子をイメージすればいいんですね

No 04　10〜1へ逆順で繰り返す

For文をより理解するために逆順の繰り返しもやってみよう

逆順って、10、9、8、7……って減っていくことですよね？

逆順で繰り返すには？

　Chapter 3-3はカウンタ変数が1ずつ増えていくFor文の例でした。For文に<u>Step</u>を追加すると、10ずつ増やしたり1ずつ減らしたりすることができます。
　10〜1の範囲内で1ずつ減っていく連番を作成して、繰り返してみましょう。変数iの開始値を10、終了値を1とし、<u>変化量は「Step -1」</u>にします。

■chap3_4_1

```
                変数作成 変数i
2   Dim i
     ……の間 変数i 入れろ 数値10 まで 数値1  ずつ  数値-1
3   For i = 10 To 1 Step -1
             デバッグ機能   表示しろ  変数i 連結   文字列「回目のハロー！」
4       Debug.Print i & "回目のハロー！"
    繰り返しここまで
5   Next
```

読み下し文

2　**変数iを作成しろ**

3　**数値10**を**変数i**に入れ、**数値-1**ずつ**数値1**まで変化させる間、以下を繰り返せ

4　　**変数i**と**文字列「回目のハロー！」**を連結して表示しろ

5　**繰り返しここまで**

マクロを実行してみましょう。「10回目のハロー！」〜「1回目のハロー！」が表示されます。

へー、面白い。使い道はありそうですよね

いろいろあって絞り切れないけど、大きいほうから並べる必要があれば何にでも使えると思うよ

繰り返しからの脱出

For文の中で、Exit Forステートメントを利用すると、ループ処理を中断することができます。例えば通常なら10回繰り返す処理を、何か非常事態が起きた場合には中断したい場合などに使えます。

For カウンタ変数 = 開始値 To 終了値

   If 脱出条件 Then Exit For

Next

なお、Do While文の場合には、Exit Doステートメントとなります。

Do While 継続条件

   If 脱出条件 Then Exit Do

Loop

※これらの例ではIf文のEnd Ifを省略しています。

NO 05 繰り返し文を2つ組み合わせて九九の表を作る

For文のブロック内にFor文を書いて入れ子にすることもできるよ。「多重ループ」っていうんだ

繰り返しを繰り返すんですか？ 言葉を聞くだけで難しそう。人間に理解できるものなんでしょうか？

でもね、ぼくらの生活も、1時間を24回繰り返すと1日で、それを7回繰り返すと1週間……1カ月を12回繰り返すと1年なわけだ。多重ループって意外と身近なんだよ

九九の計算をしてみよう

For文のブロック内にFor文を書くと多重ループになります。多重ループの練習でよく使われる例なのですが、九九の計算をしてみましょう。九九は1〜9と1〜9を掛け合わせる計算なので、1〜9で繰り返すFor文を2つ組み合わせます。

■chap3_5_1

```
Dim x, y
For x = 1 To 9
    For y = 1 To 9
        Debug.Print x * y
    Next
```

	繰り返しここまで
7	**Next**

読み下し文

2	変数xと変数yを作成しろ
3	数値1を変数xに入れ、数値9まで変化させる間、以下を繰り返せ
4	数値1を変数yに入れ、数値9まで変化させる間、以下を繰り返せ
5	変数x掛ける変数yの結果を表示しろ
6	繰り返しここまで
7	繰り返しここまで

実行すると次のように「1×1」〜「9×9」の結果が表示されます。

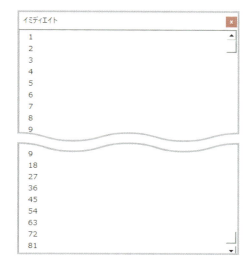

読み下し文の最初の3行はわかります。でも5行目の掛け算をしているところがうまくイメージできないです

それじゃあ、またベルトコンベアの図で説明しよう

For文を入れ子にしているので、ベルトコンベアも2つになります。ベルトコンベア1のロボットが1つ数値を拾うと、ベルトコンベア2が動き始めます。流れてくる数値をベルトコンベア2のロボットが拾って、指示書にしたがって仕事をしていきます。ベルトコンベア2の仕事が終わると、またベルトコンベア1が動き出してロボットが数値を1つ拾います。

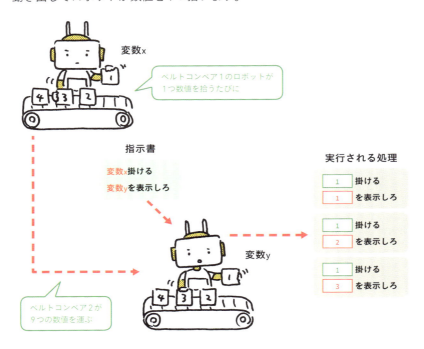

九九らしく表示する

　より九九らしくするために、「1×1＝1」という式の部分も表示するようにしてみましょう。2つのFor文の部分は先ほどのサンプルと同じです。Debug.Printメソッドの引数に変数と文字列を指定して、並べて表示しています。

■chap3_5_2

```
Dim x, y
For x = 1 To 9
```

	……の間 変数y 入れろ 数値1 まで 数値9
4	`For␣y = 1 ␣To␣ 9`
	デバッグ機能　表示しろ　変数x 連結 文字列「x」連結 変数y
5	`Debug.Print␣x␣& "x" & y␣_` 折り返し
	連結 文字列「=」連結 変数x 掛ける 変数y
	`& "=" & x * y`
	繰り返しここまで
6	`Next`
	繰り返しここまで
7	`Next`

　1行では収まり切らなくなったので折り返しています。VBAで折り返したいときは、**行末に半角スペースと_（アンダースコア）**を書きます。

読み下し文

2	**変数xと変数yを作成しろ**
3	**数値1を変数xに入れ、数値9まで変化させる間、以下を繰り返せ**
4	**数値1を変数yに入れ、数値9まで変化させる間、以下を繰り返せ**
5	**変数x、文字列「x」、変数y、文字列「=」、変数x掛ける変数yの結果を連結して表示しろ**
6	繰り返しここまで
7	繰り返しここまで

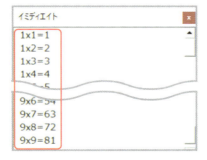

NO 06 配列に複数のデータを記憶する

今度は「配列(はいれつ)」の使い方を説明するよ

それって繰り返し文とどう関係があるんですか？

配列にすると「連続したデータ」として扱えるので、繰り返し文と組み合わせやすくなるんだ

配列の書き方を覚えよう

配列は中に複数の値を入れられる「データ型」(41ページ参照) です。繰り返し文とも、よく組み合わせて使われます。VBAでの配列の作り方は何とおりかあるのですが、ここではArray（アレイ）関数を使って作る方法を解説しましょう。Array関数の引数に、配列に入れたい値をカンマで区切って並べます。配列内の個々の値を「要素」と呼びます。要素は、数値でも文字列でも何でもかまいません。

入れろ　配列作成
変数 = Array(値a, 値b, 値c)
↓↓ 読み下し
配列 [値a, 値b, 値c] を作成し、変数に入れろ

Arrayは英語で「配列」を意味しますが、ここでは「配列作成」とふりがなを振ります。また、読み下し文では、配列のまとまりがわかりやすいように角カッコで囲んで表記します。

作成された配列は、1つの変数の中に複数の値が入った状態になります。

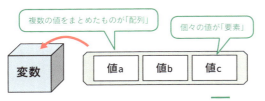

配列内の要素を利用するときは、変数名のあとにカッコで囲んで数値を書きます。この数値を「インデックス（添え字）」と呼びます。

インデックスには整数を使用するので、整数が入った変数、整数の結果を返す式や関数なども使えます。ふりがなではそのまま「数値0」や「変数idx」のように書き、読み下し文では「要素0」や「要素idx」と書いて、配列を利用していることが伝わるようにします。

配列を作って利用する

配列を作って「月、火、水、木、金」という5つの文字列を記憶し、その中から1つ表示しましょう。

■ chap3_6_1

```
2  Dim wdays
3  wdays = Array( "月","火","水","木","金" )
4  Debug.Print wdays(1)
```

読み下し文

2　変数wdaysを作成しろ

3　配列 [文字列「月」、文字列「火」、文字列「水」、文字列「木」、文字列「金」] を作成し、変数wdaysに入れろ

4　変数wdaysの要素1を表示しろ

マクロを実行すると「火」と表示されます。配列のインデックスは0から数え始めるので、要素1は「月」ではなく「火」になるのです。

配列の要素を書き替える

配列に記憶した要素を、個別に書き替えることもできます。カッコとインデックスで書き替える要素を指定し、=演算子を使って新しい値を設定します。要素の扱い方は単独の変数とほぼ同じです。

■chap3_6_2

読み下し文

2　変数wdaysを作成しろ

3　配列[文字列「月」、文字列「火」、文字列「水」、文字列「木」、文字列「金」]を作成し、変数wdaysに入れろ

4　変数wdaysの要素1に文字列「炎」を入れろ

5　変数wdaysの配列を連結した結果を、表示しろ

マクロを実行すると、要素1が「火」から「炎」に変わっていることが確認できます。

116

　結果を表示する5行目で使用している<u>Join（ジョイン）関数</u>は、配列のすべての要素を連結した文字列を返します。配列の内容をすばやく確認したいときに役立つ関数です。

> 配列ってExcelのセルにイメージが似てる気がしますね。箱が並んでる感じとか

> お、いいところに気が付いたね。Excelと配列は共通点が結構あるよ。だから配列の考え方を頭に入れておくと、Chapter 4以降で説明するワークシートの操作が理解しやすくなるんだ

> そうなんですか。楽しみです

Split関数を使って配列を作成する

Split（スプリット）関数は、文字列を分割して配列を作成します。ちょうどJoin関数の逆の働きをする関数です。このページのサンプルマクロのように月〜金という文字を入れた配列を作りたい場合、1つ目の引数に元の文字列を、2つ目の引数に「,」を指定します。これで「,」のところで分割した配列を作成してくれます。

```
wdays = Split("月,火,水,木,金", ",")
```
変数wdays 入れろ　文字列分割　　　文字列「月,火,水,木,金」　　　文字列「,」

結果は同じですが、Array関数を使ったときに比べて、ダブルクォーテーションの数が少ない分、入力も楽です。
Excelではカンマ区切りのデータを扱うことも多いので、それを個々のデータに分けるときもSplit関数が役立ちます。

NO 07 配列の内容を繰り返し文を使って表示する

配列とFor文を組み合わせた使い方を教えるよ。書き方は難しくないけど2パターンあるんだ

For Each文で配列を利用する

For Each（フォー・イーチ）文は、配列から要素を1つずつ順番に取り出して繰り返し処理できる文です。「For Each 変数 In 配列」と書きます。

■chap3_7_1

```
2  Dim wdays, tmpDay
3  wdays = Array( "月","火","水","木","金" )
4  For Each tmpDay In wdays
5      Debug.Print tmpDay & "曜日"
6  Next
```

2行目：変数作成 変数wdays 変数tmpDay
3行目：変数wdays 入れろ 配列作成 文字列「月」文字列「火」文字列「水」文字列「木」文字列「金」
4行目：……の間 1つずつ 変数tmpDay 内 変数days
5行目：デバッグ機能 表示しろ 変数tmpDay 連結 文字列「曜日」
6行目：繰り返しここまで

読み下し文

2　変数wdaysと変数tmpDayを作成しろ

3　配列[文字列「月」、文字列「火」、文字列「水」、文字列「木」、文字列「金」]を作成し、変数wdaysに入れろ

4　変数wdays内の要素を1つずつ変数tmpDayに入れる間、以下を繰り返せ

5　　変数tmpDayと文字列「曜日」を連結した結果を表示しろ

6　繰り返しここまで

配列から取り出した月～金を文字列「曜日」と連結して表示しています。

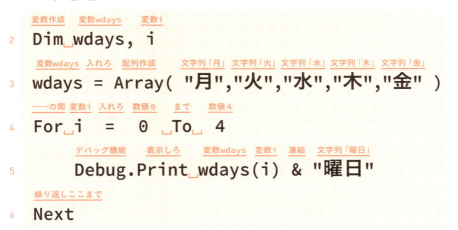

For文を使ってインデックスを指定する

同様の処理はFor文を使ってもできます。For文の開始値と終了値を配列の要素数に合わせ、カウンタ変数をインデックスとして使うのです。

■ chap3_7_2

```
2  Dim wdays, i
3  wdays = Array( "月","火","水","木","金" )
4  For i = 0 To 4
5      Debug.Print wdays(i) & "曜日"
6  Next
```

読み下し文

2　変数wdaysと変数iを作成しろ

3　配列 [文字列「月」、文字列「火」、文字列「水」、文字列「木」、文字列「金」] を作成し、変数wdaysに入れろ

4　数値0を変数iに入れ、数値4まで変化させる間、以下を繰り返せ

5　　　変数wdaysの要素iに文字列「曜日」を連結した結果を表示しろ

6　繰り返しここまで

マクロの実行結果は同じです。要素数に合わせるのが少し面倒ですが、カウンタ変数の値を他の目的でも使えるというメリットがあります。

NO 08 総当たり戦の表を作ろう

繰り返し文の総まとめに、総当たり戦の表を作ってみよう

総当たり戦って、全チームが対戦する方式ですよね

単純にすべての組み合わせを並べる

　総当たり戦とは、「A vs B」「A vs C」という組み合わせを作っていくことです。今回はA〜Eの5つのチームがあるとして、それらの名前を配列にして変数teamに入れておきます。そして二重のFor Each文で、配列から名前を順番に取り出し、2つのチーム名を組み合わせて表示していきます。

■chap3_8_1

```
2    Dim teams, team1, team2
3    teams = Array("A", "B", "C", "D", "E")
4    For Each team1 In teams
5        For Each team2 In teams
6            Debug.Print team1 & "vs" & team2
7        Next
8    Next
```

読み下し文

2 　変数teamsと変数team1と変数team2を作成しろ
3 　配列 [文字列「A」、文字列「B」、文字列「C」、文字列「D」、文字列「E」] を作成し、変数teamsに入れろ
4 　変数teams内の要素を1つずつ変数team1に入れる間、以下を繰り返せ
5 　　　変数teams内の要素を1つずつ変数team2に入れる間、以下を繰り返せ
6 　　　　　変数team1と文字列「vs」と変数team2を連結して表示しろ
7 　　　繰り返しここまで
8 　繰り返しここまで

マクロを実行してみましょう。

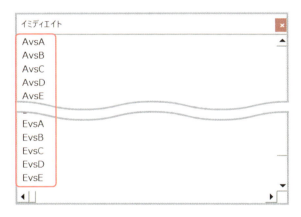

あ、同じチーム同士の試合ができちゃってますよ。「A vs A」とか「E vs E」とか

単純に同じものを組み合わせてるからそうなるよね。どうしたらいいと思う？

If文で同じチーム同士なら表示しないことにしたらどうでしょう？

■chap3_8_2

2 Dim teams, team1, team2

3 teams = Array("A", "B", "C", "D", "E")

4 For Each team1 In teams

5   For Each team2 In teams

6   If team1 <> team2 Then

7   Debug.Print team1 & "vs" & team2

8   End If

9   Next

10 Next

読み下し文

2 変数teams、変数team1、変数team2を作成しろ

3 配列 [文字列「A」、文字列「B」、文字列「C」、文字列「D」、文字列「E」] を作成し、変数teamsに入れろ

4 変数teams内の要素を1つずつ変数team1に入れる間、以下を繰り返せ

5   変数teams内の要素を1つずつ変数team2に入れる間、以下を繰り返せ

6   もしも「変数team1と変数team2は等しくない」が真であれば以下を実行

7   変数team1と文字列「vs」と変数team2を連結して表示しろ

8   分岐ここまで

9   繰り返しここまで

10 **繰り返しここまで**

今回は内側のFor文内にIf文を追加し、等しくないときだけ表示するようにしました。マクロを実行すると、チーム名が等しくないときだけ表示するので、同チームの対戦がなくなります。

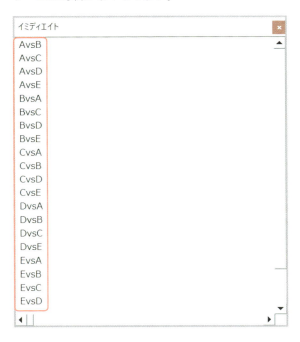

できましたね！

ところで、「A vs B」と「B vs A」は同じ組み合わせだよね。これも省くことはできないかな？

じゃあ、If文を追加して……。あれ？　どうしたらいいんでしょう？

その場合は考え方を基本から変えないとダメなんだ

同じ対戦組み合わせを省くには？

どうマクロを書いたらいいかわからないときは、一回マクロのことは忘れて、**自分がやりたいことを整理してみましょう**。まず、総当たり戦の表を書き、そこから同チーム同士と同じ対戦の組み合わせを省くと、表の右上だけが残ります。この残った部分だけを表示するマクロを作ればいいわけです。

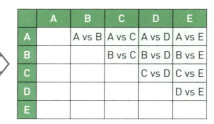

■chap3_8_3

```
変数作成   変数teams      変数team1         変数team2Top        変数i
2  Dim teams, team1, team2Top, i
   変数teams 入れろ 配列作成  文字列「A」 文字列「B」 文字列「C」 文字列「D」 文字列「E」
3  teams = Array("A", "B", "C", "D", "E")
       変数team2Top   入れろ  数値1
4  team2Top = 1
   ……の間   1つずつ   変数team1    内    変数teams
5  For Each team1 In teams
          ……の間 変数i 入れろ   変数team2Top    まで 数値4
6      For i = team2Top To 4
             デバッグ機能    表示しろ    変数team1  連結 文字列「vs」連結  変数team 変数i
7         Debug.Print team1 & "vs" & teams(i)
         繰り返しここまで
8      Next
           変数team2Top   入れろ    変数team2Top    足す  数値1
9      team2Top = team2Top + 1
   繰り返しここまで
10 Next
```

今回は内側をFor Each文の代わりにFor文にしています。そして、開始値を変数team2Topに入れ、変更できるようにしました。内側のFor文の開始値と終了値は「1〜4」→「2〜4」→「3〜4」と変化するため、対戦相手は「"B", "C", "D", "E"」→「"C", "D", "E"」→「"D", "E"」と減っていきます。

読み下し文

2　**変数teamsと変数team1と変数team2Topと変数iを作成しろ**

3　**配列[文字列「A」、文字列「B」、文字列「C」、文字列「D」、文字列「E」] を作成し、変数teamsに入れろ**

4　**変数team2Topに数値1を入れろ**

5　**変数teams内の要素を1つずつ変数team1に入れる間、以下を繰り返せ**

6　　**変数Team2Topを変数iに入れ、数値4まで変化させる間、以下を繰り返せ**

7　　　**変数team1と文字列「vs」と変数teamsの要素iを連結して表示しろ**

8　　繰り返しここまで

9　　**変数team2Topに変数team2Topと数値1を足した結果を入れろ**

10　繰り返しここまで

イミディエイト
AvsB
AvsC
AvsD
AvsE
BvsC
BvsD
BvsE
CvsD
CvsE
DvsE

意外と短いマクロでできましたね。でも、読み下し文を読んでもあまりよく理解できません

こういうものは読み下しても意味がない。先に「問題の解き方」を考えて、それをマクロにしていくのが普通なんだ。問題の解き方を「アルゴリズム」というんだよ

NO 09 エラーに対処しよう③

繰り返し文の条件によっては、繰り返しがいつまで経っても終わらなくなる場合があるんだ。そういう無限に続く繰り返し文を「無限ループ」という

無限ループ！ 日常会話でも聞く言葉ですね

プログラミングではあえて無限ループを使うこともあるんだけど、Excelのマクロで使うことはあまりない。たいていは繰り返し条件の指定ミスだね。

無限ループを止める

　例えば次のマクロは「変数sumvが０より大きい限り」繰り返します。ところがブロック内で変数sumvに１ずつ足しているので、変数sumvが０以下になることはありません。いつまで経っても継続条件の「sumv>0」はTrueのままです。

■chap3_9_1

```
2  Dim sumv
3  sumv = 1
4  Do While sumv > 0
5      sumv = sumv + 1
6  Loop
```

読み下し文

2　**変数sumvを作成しろ**
3　**数値1を変数sumvに入れろ**
4　**「変数sumvは数値0より大きい」が真である限り以下を繰り返せ**
5　　**変数sumvと数値1を足した結果を変数sumvに入れろ**
6　**繰り返しここまで**

このマクロを実行すると、いつまで経っても終わらないため、Excelが操作できなくなります。パソコン全体の動作も重くなるはずです。その場合は、Esc キーを押し続けましょう。以下のダイアログボックスが表示されたら、[終了]をクリックします。

❶ ダイアログボックスが表示されるまで Esc キーを押し続ける

❷ [終了]をクリック

無限ループ怖いですね。重すぎて中断もできなくなってしまったらどうしたらいいんでしょう？

そうなるとExcelごと強制終了するしかないかな。最後の手段だね

それでも止まらない場合は、Excelごと強制終了します。Ctrl + Alt + Delete キーを押してWindowsのタスクマネージャーを表示し、Excelを選択して[タスクの終了]をクリックしてください。この場合、保存していなかったデータは失われてしまうことがあります。

NO 10 復習ドリル

問題1：東西南北を表示するマクロを書く

以下の読み下し文を読んで、東西南北を表示するマクロを書いてください。
ヒント：chap3_7_1

読み下し文

2　**変数direcsと変数dを作成しろ**

3　**配列[文字列「東」, 文字列「西」, 文字列「南」, 文字列「北」]を、変数direcsに入れろ**

4　**変数direcs内の要素を1つずつ変数dに入れる間、以下を繰り返せ**

5　　　**変数dを表示しろ**

6　**繰り返しここまで**

「月火水木金」を表示する代わりに「東西南北」にするんですね

そのとおり。ちょっと変えるだけだよ

問題2:曜日を逆順に表示するマクロを書く

以下の読み下し文を読んで、金曜日〜月曜日を表示するマクロを書いてください。配列には「月、火、水、木、金」の順番に記録されているものとします。

ヒント:chap3_7_2にchap3_4_1を組み合わせる

読み下し文

2 変数wdaysと変数iを作成しろ

3 配列[文字列「月」、文字列「火」、文字列「水」、文字列「木」、文字列「金」]を作成し、変数wdaysに入れろ

4 数値4を変数iに入れ、数値-1ずつ数値0まで変化させる間、以下を繰り返せ

5 　　変数wdaysの要素iに文字列「曜日」を連結した結果を表示しろ

6 繰り返しここまで

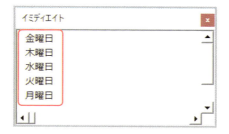

「月火水木金」の順番で作成した配列を、逆順に表示するんですね

そのとおり。繰り返しの順番を逆にするためにはStepを使うんだったね

解答1

解答例は次のとおりです。

■chap3_10_1

```
2  Dim directs, d
3  directs = Array( "東", "西", "南", "北" )
4  For Each d In directs
5      Debug.Print d
6  Next
```

解答2

解答例は次のとおりです。

■chap3_10_2

```
2  Dim wdays, i
3  wdays = Array( "月","火","水","木","金" )
4  For i = 4 To 0 Step -1
5      Debug.Print wdays(i) & "曜日"
6  Next
```

Excel VBA
FURIGANA PROGRAMMING

Chapter

Excelのシートや
セルを操作しよう

NO 01 オブジェクト、メソッド、プロパティ……って何？

ここからはいよいよ、マクロを使ってExcelのシートやセルを操作する方法を説明していくよ

ようやく本番ですね。待ってました！

まずはExcelをマクロで操作するときに欠かせない3つの用語を覚えておこう

オブジェクトがExcelの各部を表す

用語の1つ目は**オブジェクト（Object）**です。Objectという英語には「対象」「物体」「目的語」などの意味があって、VBAでは**マクロを使って操作する「対象物」**を意味します。Excelのデータは、「ブック」「ワークシート」「セル」などで構成されていることはご存じだと思います。VBAには、それらを操作するためのオブジェクトが用意されています。オブジェクトの種類はものすごく多いのですが、最低限知っておいてほしいのは次の4種類です。

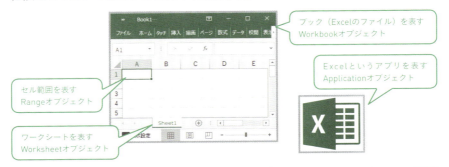

これらのオブジェクトによって、操作対象のブック、ワークシート、セル範囲を特定できるようになります。あとは、その操作対象を「どうしたいか」という命令を書けば、Excelを自在に操作できます。

オブジェクトが持つプロパティとメソッド

オブジェクトに対する「命令」となるのが、プロパティ（Property）とメソッド（Method）です。メソッドはすでにDebug.Printメソッドでおなじみですね。簡単にいえば、どちらも命令ですが、次の図に示すように役割の違いがあります。

| プロパティ | オブジェクトに情報を設定／取得する | メソッド | オブジェクトを操作する |

例：
Value プロパティ …… セルの値を設定／取得する
Font プロパティ ……… セルのフォントを設定／取得する
Count プロパティ …… オブジェクトの数を取得する

例：
Add メソッド ……… オブジェクトを追加する
Delete メソッド …… オブジェクトを削除する
Copy メソッド ……… オブジェクトをコピーする

また、これまで説明してきたVBAの文法と書き方が変わります。これまでは「命令 目的語」の順番で書くと説明してきましたが、メソッドやプロパティは「目的語.命令」という順番で書きます。その間は.（ドット）でつなぎます。

- オブジェクトを入れた変数など
- プロパティやメソッド
- 命令をいくつもつなげて書くこともできる

目的語.命令　　**目的語.命令.命令.命令.命令**

.（ドット）

うーん、一気にいわれても何かよくわからないですね

これから少しずつやっていこう。今は3つの用語の位置づけをフワッと頭に入れておいてね

VBAのプロパティ、メソッドを区別するには

VBAのプロパティとメソッドは書き方（使い方）が似ています。どちらも引数を指定でき、名前を見ただけで区別するのは困難です。1つだけ大きな違いは「プロパティは=演算子で値を設定できる」という点です。「目的語.命令 = 値」という形式で書かれていたら、その命令は間違いなくプロパティです。

NO 02 プロパティを使って セルの値を書き替える

まずは特定のセルの内容を書き替える方法を説明しよう

自分でキーボードから入力しなくても、マクロがデータを入力してくれるんですね

まずはマクロを入力してみよう

これまでは先に文法を説明してからサンプルマクロを入力してもらっていましたが、今回だけ先に次のサンプルマクロを入力してみてください。実行すると、セルA1に「ハロー！」と入力されるはずです。

■chap4_2_1

```
2  Range("A1").Value = "ハロー！"
```
セル範囲　文字列「A1」　　値　　設定しろ　　文字列「ハロー」

読み下し文

2　セルA1の値に文字列「ハロー」を設定しろ

	A	B	C
1	ハロー！		
2			

あれ？ 読み下し文で何となく意味がわかりますね。繰り返し文とかより簡単な気がしますよ

ところがだね、この文法をちゃんと理解しようとすると、結構ややこしいんだ……

RangeもValueもプロパティ

ここではRangeとValueという2つの言葉が出てきています。Chapter 4-1で「目的語.命令」と説明したので、Rangeがオブジェクトで、Valueがプロパティかメソッドと思ってしまいがちなのですが、実は2つともプロパティです。

Range（レンジ）プロパティは、セル範囲を表す文字列を受けとって、それを表すRangeオブジェクトを返します。ふりがなは「セル範囲」と振ることにします。Rangeプロパティの「.」の前にはWorksheetオブジェクトなどいろいろなものを指定できるのですが、「.」以前を省略した場合はアクティブ（現在選択中）なワークシートを指定したことになります。Rangeプロパティの前に書くものについては次のChapter 5で説明します。

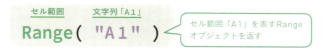

Value（バリュー）プロパティは、セルの値を取得/設定するプロパティです。「.」の前はRangeオブジェクトを返す何かでなければいけません。ふりがなは「値」と振ることにします。

●セルの値を設定　　　　　●セルの値を取得

なお、プロパティに設定するときの=演算子は、それがわかりやすくなるよう「設定しろ」というふりがなを振ります。

これらをまとめて書くと、右の図のようになります。プロパティの戻り値が、次のプロパティに渡されているのですね。

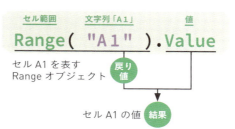

> ややこしいですねぇ。プロパティとオブジェクトの名前がどっちもRangeだから紛らわしいんですよ

> 確かにキッチリ文法説明しようとするとややこしい。でも最初にマクロだけ見たときは何となく理解できたよね。VBAは「何となくわかる」よう設計されてるんだと思うよ

さまざまなセル範囲を指定してみよう

「A1」だった箇所を「A2」にしたものと、「C1:D3」にしたものを実行してみましょう。それ以外は先ほどのサンプルと同じです。

■ chap4_2_2

```
     セル範囲   文字列「A2」      値    設定しろ     文字列「ハロー」
2   Range("A2").Value    =    "ハロー!"
     セル範囲   文字列「C1:D3」      値    設定しろ     文字列「ハロー」
3   Range("C1:D3").Value    =    "ハロー!"
```

読み下し文

2 セルA2の値に文字列「ハロー」を設定しろ

3 セル範囲C1:D3の値に文字列「ハロー」を設定しろ

	A	B	C	D	E
1			ハロー！	ハロー！	
2	ハロー！		ハロー！	ハロー！	
3			ハロー！	ハロー！	
4					

「C1:D3」のように「:」を使って複数のセルを指定する文字列を引数にした場合、複数のセルの値をまとめて設定できます。指定ルールはExcelの数式で使う「セル参照」と同じです。

> あ、これは便利ですね。まとめて入力できちゃう

Range以外のプロパティでもセル範囲を指定できる

　Rangeオブジェクトを取得するためのプロパティは、Rangeプロパティだけではありません。他にCellsプロパティなどがあります。

■ chap4_2_3

```
2  Range("A1").Value = "ハロー！"
3  Cells(1, 1).Value = "ハロー！"
4  ActiveCell.Value = "ハロー！"
```

セル範囲　文字列「A1」　　　　値　　　設定しろ　　文字列「ハロー」
セル指定　数値1　数値1　　　　値　　　設定しろ　　文字列「ハロー」
アクティブなセル　　　　　値　　設定しろ　　文字列「ハロー」

読み下し文

2　**セルA1**の値に**文字列「ハロー」**を設定しろ

3　**1行目・1列目のセル**の値に**文字列「ハロー」**を設定しろ

4　**アクティブなセル**の値に**文字列「ハロー」**を設定しろ

　<u>Cells（セルズ）プロパティ</u>は、1から始まる行番号と列番号でセルの位置を指定します。For文などの繰り返し文と組み合わせると力を発揮します。<u>ActiveCell（アクティブセル）プロパティ</u>は、現在選択中のセルを返します。「選択中のセルに何かする」マクロを作りたいときに使うと便利です。

セルに数式を設定／取得するには？

セルに数式を設定する場合は、ValueプロパティかFormula（フォーミュラ）プロパティを使用します。セルから取得するときは使い分けが必要になり、値（計算結果）を取得する場合はValueプロパティを、数式を取得する場合はFormulaプロパティを使用します。

Range("A2").Value = "=A1*10"──**セルA2に数式を設定**

変数 = Range("A2").Formula──**セルA2の数式を取得**

NO 03 いろいろなプロパティでセルを設定してみよう

プロパティに慣れるためにいろいろやってみよう。セルの値だけでなく、幅やフォントなどの書式も設定できるんだ

そんなこともできるんですか。「=」とか使うから変数みたいに値を入れることしかできないんだと思ってました

セルの幅を設定する

　すでに説明したようにプロパティはオブジェクトに対する命令の一種で、=演算子を使って情報を設定／取得することができます。また、Rangeプロパティのように、カッコを付けて引数を渡せるものもあります。**変数のようでもあり、関数やメソッドのようでもある**ので、最初は少し不思議に感じるかもしれません。

　Chapter 4-2で説明したValueプロパティではセルの値を設定しましたが、プロパティは「命令」なので、書式などを設定するために使うこともできます。例えば、セルの列幅を設定したい場合は**ColumnWidth（カラムウィッズ）プロパティ**を使用します。設定する数値の単位は1文字の幅です。

■ chap4_3_1

```
                セル範囲    文字列「A1」        値      設定しろ     文字列「ハロー」
2    Range("A1").Value    =    "ハロー！"
                セル範囲    文字列「A1」       列幅       設定しろ 数値20
3    Range("A1").ColumnWidth    =    20
```

読み下し文

2　**セルA1**の値に**文字列「ハロー」**を設定しろ

3　**セルA1**の列幅に**数値20**を設定しろ

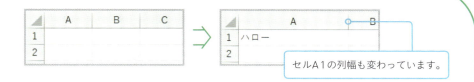

セルのフォントを設定する

Font（フォント）プロパティを使うと、セル内のフォントを設定できます。

■chap4_3_2

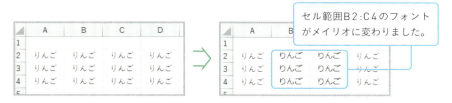

読み下し文

2 **セル範囲B2:C4のフォントの名前に文字列「メイリオ」を設定しろ**

先にセルに文字を入力した状態で、マクロを実行してください。

Fontのあとに書いたNameもプロパティです。次の図のようにそれぞれのプロパティの戻り値が、次のプロパティと組み合わさっていきます。

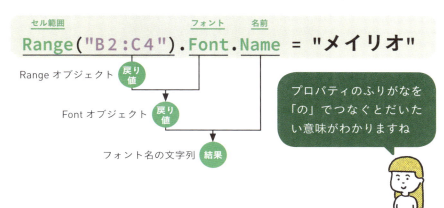

NO 04 メソッドを使ってセルのクリアや削除を実行する

今度は「メソッド」を使ってみよう。メソッドではセルのクリアとか、セルの挿入／削除ができるんだ

ヘー、プロパティとは何が違うんですか？

挿入とか削除とか、設定とは呼べない操作を実行するよ

メソッドでExcelの機能を実行する

メソッドもオブジェクトに対する命令の一種です。使い方を下図に示しますが、Chapter1-11「メソッドと関数の読み方」で説明したとおりです。プロパティとの違いは、**=演算子で情報を設定できない**ことです。

目的語.メソッド 引数, 引数

変数 = 目的語.メソッド(引数, 引数)

> 戻り値を使うときは、引数をカッコで囲む

Excelの画面上で行える操作と対応するメソッドが用意されています。例えば、Deleteキーを押したときに実行される「数式と値のクリア」機能を実行したい場合はClearContents（クリアコンテンツ）メソッドを使います。セルの削除を行いたい場合はDelete（デリート）メソッドを使います。

■chap4_4_1

```
2  Range("A2").ClearContents
```
セル範囲　文字列「A2」　「数式と値のクリア」しろ

```
3  Range("D2").Delete
```
セル範囲　文字列「D2」　削除しろ

読み下す際に、Excel側の機能とあまりかけ離れてわかりにくくなっても問題なので、その場合は「『Excelの機能名』しろ」のようにカッコ書きで表現します。

読み下し文

2　**セルA2を「数式と値のクリア」しろ**

3　**セルD2を削除しろ**

結果を確認すると、マクロに書いたとおりにExcelの機能が実行されていますね。

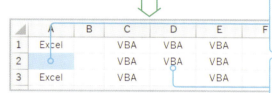

セルA2に「数式と値のクリア」を実行したので、値が消えて書式だけが残っています。

セルD2を「削除」したので、その下のセルの内容が上に詰められています。

Excelの全機能に対応するプロパティやメソッドがあるんですか？

知る限りではほぼすべてが登録されているよ。すごく多いから、次のChapter 5で調べ方を教えるね

メソッドと関数の違いは何？

ここまで「メソッドと関数はほぼ同じもの」と説明してきました。すでに気付いた人もいるかもしれませんが、オブジェクトと組み合わせて使うものが「メソッド」、組み合わせずに単独で使えるものが「関数」です。それ以外は同じです。

NO 05 メソッドの引数を指定するときの作法を知っておこう

そういえばExcelでセルを削除するときって、詰める方向を指定できますよね？　VBAではどうやるんですか？

メソッドに引数を指定するんだ。指定しやすくするお作法がいくつかあるから、それも覚えておこう

組み込み定数を使って削除後のシフト方向を指定する

Excelでセルを削除すると、「削除後のセルをどの方向に詰めるのか」を選択する画面が表示されます。

Deleteメソッドで削除する場合も、引数でシフト方向を指定できます。「左方向にシフト」したい場合は「-4159」を、「上方向にシフト」したい場合は「-4162」を指定します。

引数でシフト方向を指定して削除してみましょう。

■chap4_5_1

```
2   Range("B2").Delete -4162
```
セル範囲　文字列「B2」　削除しろ　数値-4162

```
3   Range("F2").Delete -4159
```
セル範囲　文字列「F2」　削除しろ　数値-4159

読み下し文

2　**セルB2を、数値-4162を指定して削除しろ**

3　**セルF2を、数値-4159を指定して削除しろ**

実行するとセルB2が削除されて上方向にシフトされ、セルF2が削除されて左方向にシフトされます。

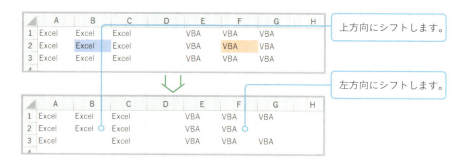

待って待って！ 「-4162」とか「-4159」とか何ですか？覚えられるわけないですよ

あはは、ぼくも何でその数なのかは知らないよ。でも心配しなくても大丈夫。「組み込み定数」を使えばいいんだ

　コンピュータは数値のほうが管理しやすいので、方向などを数値で表すことがあります。ただ、人間にとってはまったく覚えやすくありません。そこで用意されているのが定数（ていすう）です。定数とは、あとから値を変更できない変数のことで、VBAにあらかじめ用意されているものを組み込み定数といいます。
　Deleteメソッドの引数のためには、2つの組み込み定数が用意されています。chap4_5_1を組み込み定数を使った形に書き替えてみましょう。

Deleteメソッドの引数として使える組み込み定数

定数名	意味	実際の値
xlShiftUp	上方向にシフト	-4162
xlShiftToLeft	左方向にシフト	-4159

■chap4_5_2

```
2  Range("B2").Delete xlShiftUp
3  Range("F2").Delete xlShiftToLeft
```

読み下し文

2 　セルB2を、定数「上方向にシフト」を指定して削除しろ

3 　セルF2を、定数「左方向にシフト」を指定して削除しろ

数値より覚えやすいですね。でも入力するのが面倒……

Chapter 1で教えた入力補助機能を使おう。「xl」まで入力して Ctrl + space キーを押せばリストから選択できるよ

名前付き引数を使ってセル範囲をコピーする

　Copyメソッドを例に、引数のもう1つのお作法を説明しましょう。Copyメソッドは、その名のとおりセル範囲をコピーします。引数を指定しない場合はクリップボードにコピーするだけですが、引数を指定した場合は、コピーしたあとで引数が示すセル範囲に貼り付けます。

■chap4_5_3

```
                セル範囲    文字列「B2:C5」     コピーしろ    セル範囲    文字列E2
2   Range("B2:C5").Copy Range("E2")
```

読み下し文

2 　セル範囲B2:C5をセルE2にコピーしろ

セル範囲「B2:C5」の内容が、セルE2にコピーされます。

144

> 便利ですね。でもRangeが2つ並んでてわかりにくいかも

> そうなんだよね。だから名前付き引数を使おう

引数にはそれぞれ名前が付いていて、**:=（コロンとイコール）**という記号を使い、「引数名:=値」の形式で指定することを**名前付き引数**といいます。Copyメソッドの引数には、「行き先」を意味するDestination（ディスティネーション）という名前が付いているので、次のように書くことができます。

■chap4_5_4

```
2  Range("B2:C5").Copy _
                Destination:= Range("E2")
```

セル範囲　　文字列「B2:C5」　　コピーしろ　　折り返し
　　　　　　　　　　コピー先　　を　　セル範囲　　文字列「E2」

紙面では1行で収まり切らなかったので、折り返して2行にしています。

読み下し文

2　セル範囲B2:C5を、「コピー先をセルE2」としてコピーしろ

引数の書き方が違うだけなので、実行結果はchap4_5_3と同じです。

行や列を削除するには？

Excelでセルを削除するときは、「行全体」と「列全体」という選択肢もあります。VBAで行や列を削除したい場合は、Rangeプロパティで行や列を指定します。

```
Range("A:B").Delete       A列〜B列を削除
Range("5:6").Delete       5行〜6行を削除
```

NO 06 引数が多いAutoFilterメソッドを使ってみよう

名前付き引数って、覚えることが増えた気がしません？入力すると長いし……

引数が複数あるときは名前付きのほうがわかりやすくなるよ。引数が多いメソッドの例で試してみよう

AutoFilterメソッドで表の内容を絞り込む

　Excelの「フィルター」機能をご存じでしょうか？　表の見出しにフィルター矢印を表示して、条件を満たす行だけ絞り込み表示できる機能です。Excelで操作する場合は、リボンの［ホーム］-［並べ替えとフィルター］-［フィルター］をクリックして設定します。

　フィルター機能をVBAで設定するのが、AutoFilter（オートフィルター）メソッドです。ただし、このメソッドの引数は5つもあります。

AutoFilterメソッドの引数

順番	引数名	用途
1	Field（フィールド）	フィルターの対象列
2	Criteria1（クリテリア1）	抽出条件
3	Operator（オペレータ）	追加の条件がある場合、And条件にするかOr条件にするかの設定
4	Criteria2（クリテリア2）	追加の抽出条件
5	VisibleDropDown（ビジブルドロップダウン）	フィルター矢印の表示／非表示

　まずは、名前付き引数を使わない形でフィルターを設定してみましょう。試すための表は、本書のサンプルファイルからコピーしてください。

■ chap4_6_1

<u>セル範囲</u>　<u>文字列「B2:D10」</u>　　<u>フィルターをかけろ</u>　<u>数値1</u>　<u>文字列「りんご」</u>

2 `Range("B2:D10").AutoFilter 1, "りんご"`

読み下し文

2 セル範囲B2:D10に、数値1と文字列「りんご」を指定してフィルターをかけろ

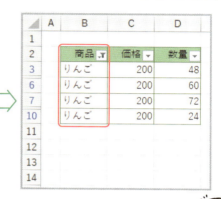

あれ？　何が起きたんですか？

フィルターを設定して、表の1列目に「りんご」が入力されている行だけを絞り込み表示したんだ

わかりにくいのでもう少し説明してください

必須の引数と省略可能引数

引数には、「必ず指定しなくてはいけない引数（必須引数）」と、「指定しなくてもいい引数（省略可能引数）」があります。

省略可能な引数を省略した場合、たいていは「既定値」が使用されます。何度か使ったDeleteメソッドの場合、引数を省略したときの規定値は「xlShiftUp（上方向にシフト）」です。つまり、「よくある設定なら引数を指定しなくても実行できる」ような仕組みになっているわけですね。

名前付き引数を使ってみよう

　今度は同じマクロを、名前付き引数を使って書いてみましょう。Field（フィールド）とCriteria1（クリテリア1）という引数を指定します。Fieldは「欄」という意味ですが、ここでは左から何列目かを数値で指定するので、「列番号」とふりがなを振ります。CriteriaはCriterionの複数形で「標準」や「基準」という意味です。ここでは「抽出条件」とふりがなを振ります。

■ chap4_6_2

```
Range("B2:D10").AutoFilter _
    Field:= 1, Criteria1:= "りんご"
```
（セル範囲／文字列「B2:D10」／フィルターをかけろ／折り返し／列番号／を／数値1／抽出条件1／を／文字列「りんご」）

読み下し文

セル範囲B2:D10に、「列番号を『数値1』、抽出条件1を文字列『りんご』」としてフィルターをかけろ

　実行結果はchap4_6_1と同じです。

確かにこっちのほうがわかりやすいですね

でしょ？　引数名を書かなくても結果は同じだから書かないのも自由だよ。でも、マクロはあとから見返したときにわかりやすくしたほうがいいよ

名前付き引数を使えば必要な引数だけを書ける

　名前を付けずに引数を書く場合、引数の順番を守る必要があります。列番号（Field）より先に抽出条件1（Criteria1）を書いてはいけません。また、146ページの表の5つ目のVisibleDropDown（ビジブルドロップダウン）を書くためには、その前にカンマを4つ書く必要があります。

名前付き引数の場合はそういう制限はありません。引数の順番を変えたり、必要な引数だけを書いたりすることもできます。

次のサンプルは、2行目では名前付き引数を使い、3行目では名前を付けずに引数を指定しています。

■ chap4_6_3

```
2  Range("B2:D10").AutoFilter _
       Field:= 1, VisibleDropDown:= False
3  Range("B2:D10").AutoFilter 2, , , , False
```

2行目　セル範囲／文字列「B2:D10」／フィルターをかけろ／折り返し／列番号／を／数値1／フィルター矢印表示／を／真偽値False

3行目　セル範囲／文字列「B2:D10」／フィルターをかけろ／数値2／真偽値False

読み下し文

2 セル範囲B2:D10に、「列番号を『数値1』、フィルター矢印表示を『真偽値False』」としてフィルターをかけろ

3 セル範囲B2:D10に、数値2と（途中の引数を3つ省略して）真偽値Falseを指定してフィルターをかけろ

実行すると、列番号1と列番号2のフィルター矢印が非表示の状態で、フィルターが設定されます。抽出条件を指定していないので絞り込みはされません。

	A	B	C	D	E	F
1						
2		商品	価格	数量 ▼		
3		りんご	200	48		
4		みかん	120	60		
5		レモン	160	72		
6		りんご	200	60		
7		りんご	200	72		
8		レモン	160	12		
9		みかん	120	60		
10		りんご	200	24		

表の1列目と2列目の矢印ボタンが非表示になります。

なるほど、名前付き引数のメリットがわかってきました

NO 07 オブジェクトと変数や繰り返し文を組み合わせよう

オブジェクトの使い方をひととおり覚えたところで、変数や繰り返し文とオブジェクトを組み合わせてみよう

へー、そんなことができるんですか？

もちろん！　セル範囲を変数に入れたり、セルを順番に処理したり、いろいろ便利なことができるよ

オブジェクトを変数に入れるときはSetを使う

　Rangeオブジェクトを変数に入れておけば、マクロ内で何度も同じRangeプロパティを書かずに済みます。ただし、=演算子を使って単純に入れようとするとエラーになります。オブジェクトを変数に入れる場合、代入する文の先頭に Set（セット） と書かなければいけません。

　次のサンプルは、Rangeプロパティの戻り値を変数に入れています。

■ chap4_7_1

```
2   Dim kakakuRng
3   Set kakakuRng = Range("D3")
4   kakakuRng.Value = 1000
```

読み下し文

2　変数kakakuRngを作成しろ

3　セルD3を変数kakakuRngにセットしろ

4 変数kakakuRngの値に、数値1000を設定しろ

　ふりがなでは「セットしろ」と「入れろ」が被ってしまうので、読み下し文では「セットしろ」だけを書くことにしました。Range("D3")を変数「kakakuRng」にセットすると、その変数はセルD3を表すことになります。「kakakuRng.Value=1000」と書くと、セルD3に1000が設定されます。

　もちろんValueプロパティだけでなく、Rangeオブジェクト用のプロパティやメソッドなら何でも「kakakuRng.○○」という形式で使用できます。

D3は価格を入れるためのセルだから「kakakuRng」って変数名にしたんですね。

用途がわかりやすくなったでしょ？

でも何でSetが必要なんですか？

そこはそういう決まりだと思ってもらうしかない。慣れないとオブジェクトかどうかを見分けるのも難しいから、代入してみてエラーが出たらSetを付けるといいぞ

Setを付け忘れるとこのエラーが表示されます。

Rangeオブジェクトとループ処理と組み合わせる

　For Each文を覚えているでしょうか？　配列から要素を1つずつ取り出す繰

り返し文ですね（118ページ参照）。For Each文は<u>セル範囲からセルを１つずつ取り出して繰り返し処理する</u>ために使うこともできます。

次のマクロは、セル範囲B3:B5内の各セルに対して、値の末尾に「セット」という文字列を付け加えています。

■chap4_7_2

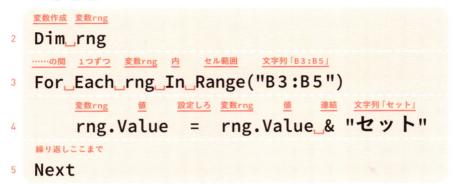

読み下し文

2 **変数rngを作成しろ**
3 **セル範囲B3:B5内の要素を１つずつ変数rngに入れる間、以下を繰り返せ**
4 　　**変数rngの値と文字列「セット」を連結した結果を、変数rngの値に設定しろ**
5 **繰り返しここまで**

マクロを実行すると、セル範囲B3:B5内の各セルを表すRangeオブジェクトが順番に変数rngに入ります。あとはValueプロパティを使って値を取得し、文字列「セット」を連結してからValueプロパティに設定します。

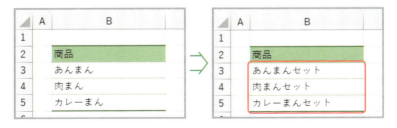

そういえば、For Each文では、Setを書いていないのに変数にオブジェクトを入れられますね

そうなんだよね。書くところがないからそういう配慮がされているんだろうね

　For Each文でオブジェクトを扱うワザは、セル範囲に限らず「すべてのオブジェクトに対して処理したい」という状況で使えるので覚えておきましょう。

With文でプロパティをまとめて設定する

With（ウィズ）文は、同じオブジェクトを何回も書かずに済ませるための仕組みです。「With」のあとにオブジェクトを書くと、それ以降から「End With」までの間は、.（ドット）を書くだけで「指定したオブジェクトに対する操作」と見なされます。1つのオブジェクトに連続してさまざまな設定を行うときなどに使います。

■ chap4_7_3

```
        ……と共に    セル範囲      文字列「A1」
With Range("A1")
              値      設定しろ   文字列「Excel」
    .Value    =    "Excel"
          フォント   名前    設定しろ    文字列「メイリオ」
    .Font.Name    =    "メイリオ"
ここまで
End With
```

読み下し文

セルA1と共に

　（セルA1）の値に文字列「Excel」を設定しろ

　（セルA1）のフォントの名前に文字列「メイリオ」を設定しろ

ここまで

NO 08 エラーに対処しよう④

またエラーなんですが、「コンパイルエラー」じゃなくて「実行時エラー」って出てます。大事故ですか？

大事故でもないよ。文法的には問題ないけど、実際試してみたらできない場合に起きるんだ

実行時エラーを修正する

次のマクロは一見間違っていないように見えますが、よく見ると2行目のRangeプロパティの引数がダブルクォーテーションで囲まれていません。

■エラーが出ているマクロ

```
Range("A1").Value = "Excel"
Range(A2).Value = "VBA"
```

この場合、A2はDim文なしで作成した変数と見なされるので（92ページ参照）、文法的には問題ありません。そのため、コンパイルエラーにはならずにそのまま実行されます。ただし、変数A2はRangeプロパティの引数としては不適切なので、結局実行中にエラーが出てマクロが止まってしまいます。

「Rangeメソッドは失敗した」と表示されています。

［デバッグ］をクリック

このような「文法的には正しいが、実行したら問題が発生した」場合に起きるエラーを「**実行時エラー**」と呼びます。実行時エラーが表示された場合は、エラ

ーのダイアログボックスの［デバッグ］をクリックしましょう。

すると、エラー発生箇所の行が黄色くハイライトされ、実行待機状態となります。

```
Sub chap4_8_1()
    Range("A1").Value = "Excel"
    Range(A2).Value = "VBA"
End Sub
```

エラーが起きた行が黄色くハイライト表示されています。

どの行でエラーが起きたかを確認できたら、ツールバーの［リセット］をクリックして実行待機状態を解除してから修正を行いましょう。

止めてから修正するのは、コンパイルエラーと同じですね

そうだね。ただ、実行時エラーは文法的には正しいだけに、原因を見つけるのが難しいかもしれないよ。エラーメッセージとエラーが起きている場所をよく確認しよう

実行時エラーが発生したときの変数の内容を確認しよう

いくら見直してもエラーの原因が見つからない場合、マクロ実行中の変数の内容を確認するというのも1つの手です。VBEのメニューで［表示］-［ローカルウィンドウ］を選択して、ローカルウィンドウを表示してみましょう。ローカルウィンドウには変数名とその値が一覧表示されます。例えば、先ほどのエラーのあるマクロの場合、作った覚えのない「A2」という変数の値が「Empty（カラ）値」だと表示されています。これが解決のヒントになるかもしれません。なお、マクロを実行する前だとローカルウィンドウには変数が表示されません。一回実行してマクロを実行待機状態にしてください。

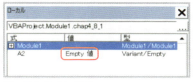

ローカルウィンドウ

Chap.
4
Excelのシートやセルを操作しよう

NO 09 復習ドリル

問題1：セルを操作するマクロを書く

　以下の読み下し文を読んで、実行結果のようにセルB2を操作するマクロを書いてください。
　ヒント：chap4_3_1が参考になります。

読み下し文

> セルB2の値に文字列「ハローＶＢＡ！」を設定しろ
>
> セルB2の列幅に数値20を設定しろ

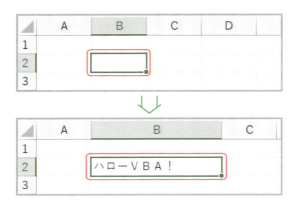

Excelの機能を利用するには、まず、操作対象のオブジェクトを指定するんでしたよね

そうだね。その上で状態を設定するには、対応するプロパティに値を代入するんだったね

問題2：マクロの問題点を指摘する

以下のマクロは、セル範囲C2:C5を変数nameRngにセットし、左方向にシフトして削除するつもりで作成したものです。

> 正しく動作すればセル範囲C2:C5が削除されます。

しかし、このままでは意図どおり動作せずにエラーとなります。このマクロの問題点を指摘してください。

ヒント：chap4_7_1が参考になります。

■chap4_9_2

```
         変数作成    変数nameRng
2    Dim nameRng
         変数nameRng  入れろ  セル範囲  文字列「C2:C5」
3    nameRng = Range("C2:C5")
         変数nameRng    削除しろ    定数「左方向にシフト」
4    nameRng.Delete xlShiftToLeft
```

読み下し文

2 **変数kakakuRngを作成しろ**
3 **セル範囲C2:C5を変数nameRngに入れろ**
4 **変数nameRngを定数「左方向にシフト」を指定して削除しろ**

マクロの流れは問題なさそうですけどね？

オブジェクトを変数に入れる場合の書き方を思い出して

解答1

解答例は次のとおりです。

■ chap4_9_1

```
Range("B2").Value  =  "ハローＶＢＡ！"
```
セル範囲　文字列「B2」　　　　値　　設定しろ　　　文字列「ハローＶＢＡ！」

```
Range("B2").ColumnWidth  =  20
```
セル範囲　文字列「B2」　　　　　列幅　　　　設定しろ　数値20

読み下し文

2　セルB2の値に文字列「ハローＶＢＡ！」を設定しろ

3　セルB2の列幅に数値20を設定しろ

解答2

解答例は次のとおりです。オブジェクトを変数に入れるには、Setが必要です。

■ chap4_9_2

```
Dim nameRng
```
変数作成　　変数nameRng

```
Set nameRng = Range("C2:C5")
```
セットしろ　　変数nameRng　　入れろ　セル範囲　　　文字列「C2:C5」

```
nameRng.Delete xlShiftToLeft
```
変数nameRng　　　削除しろ　　　定数「左方向にシフト」

読み下し文

2　変数kakakuRngを作成しろ

3　セル範囲C2:C5を変数nameRngにセットしろ

4　変数nameRngを定数「左方向にシフト」を指定して削除しろ

Excel VBA
FURIGANA PROGRAMMING

Chapter

オブジェクトを調べて
VBAを使いこなそう

NO 01 オブジェクトの知識が増えると「できること」も増える

マクロでExcelを操作するやり方がわかってきたかな？

何となくですが、ハイ！ プロパティとかメソッドとかを覚えれば、Excelを自在に動かせるんですよね。全部教えてください！

全部はムリだよ。すごくたくさんあるんだから……

じゃあ、どうしたらいいんですか？ やさしく聞いてるうちに教えたほうが身のためですよ……

目的の操作を実現するメソッド、プロパティを覚えよう

　ここまでの章では、「プログラミングの基本文法」と、Excelを操作するための「オブジェクトの基礎知識」を説明してきました。基本というのは絶対に覚えないといけないものですが、覚えたからといってすぐに成果は出ません。

　しかし、ここから先は「応用」です。Copyメソッドでコピーができるようになったように、Deleteメソッドで削除できるようになったように、<u>メソッドやプロパティを覚えた分だけ、できることが増えていきます</u>。

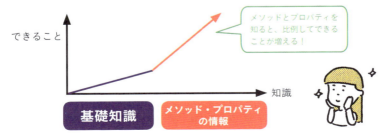

　問題は、目的のプロパティやメソッドをどうやって見つければいいのか、とい

う点です。もちろん、本を読んだりネットで検索したりしてもいいのですが、ほしい情報が存在しないかもしれません。自力で見つける手段も必要です。

「マクロの記録」機能で調べる

「マクロの記録」機能は、Excelの画面上で行った操作をVBAで書かれたマクロにしてくれる機能です。機械的に記録するだけなのでそのまま使えるマクロにはならないのですが、「この機能を実行するメソッドはどれか」をダ

イレクトに調べることができます。Chapter 5の前半では、この機能の使い方を説明します。

公式リファレンスやオブジェクトブラウザーで調べる

他の手段としてはMicrosoft社のWebサイトで公開されている公式リファレンスがあります。公式だけに網羅性が高く正確です。ただし、オブジェクト→関連するプロパティ・メソッドという形でカテゴリー分けされているので、先にオブジェクトの名前を知る必要があります。

オブジェクトブラウザーはVBEの機能の1つで、名前の一部を入力してプロパティやメソッドを検索することができます。表示される情報は上級者向けですが、うろ覚えのプロパティ・メソッドの知識を補強してくれます。

これらの使い方については、Chapter 5の最後で紹介します。

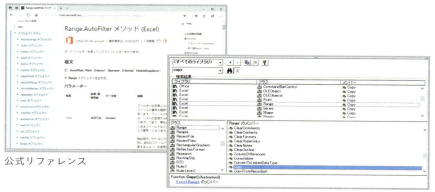

公式リファレンス

オブジェクトブラウザー

NO 02 「マクロの記録」機能を使ってみよう

文字の色ってVBAでどうやって設定するんですか？

まずは「マクロの記録」機能で調べてみようよ

Excel上の操作をマクロとして記録する

　Excelには自分で行った操作をマクロとして記録する「マクロの記録」機能が用意されています。記録したマクロを見れば、「自分が行いたい操作は、マクロではどのように書けばいいのか」を知るための大きな手がかりとなります。

　実際にセルに文字を入力して、文字色を設定する操作を記録してみましょう。「マクロの記録」機能は、Excelの [開発] タブから利用できます。

❶ [開発] タブの [マクロの記録] をクリック

　[マクロの記録]ダイアログが表示されるので、マクロ名や保存先を選択します。

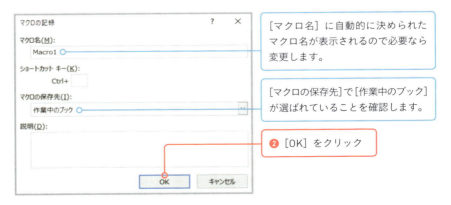

[マクロ名] に自動的に決められたマクロ名が表示されるので必要なら変更します。

[マクロの保存先]で[作業中のブック]が選ばれていることを確認します。

❷ [OK] をクリック

これで記録する準備ができました。セルの選択などExcel上で行うすべての操作が記録されるので、余計な操作をしないよう注意しましょう。

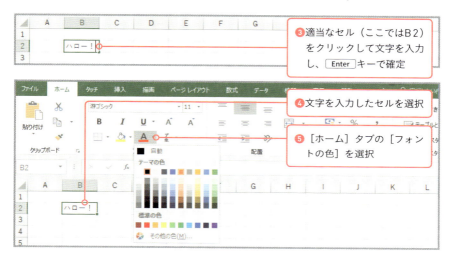

記録したい操作を行ったら、[開発] タブの [記録終了] をクリックします（[マクロの記録] と入れ替わって同じ位置に表示されています）。

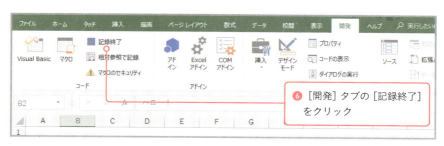

> ### ステータスバーでマクロを記録／終了する
> 実は「マクロの記録」機能は、Excel画面下端のステータスバーに用意されているボタンからも利用できます。このボタンはステータスバー左端の「準備完了」という表示の横にあります。
>
> ステータスバー左端のボタン

記録したマクロを確認しよう

　マクロを記録すると、ブックに自動的に標準モジュールが追加されます。それをVBEでダブルクリックして開くとマクロが確認できます。

❶追加された標準モジュールをダブルクリック

マクロが確認できます。

すごいですね。この機能があれば、マクロを自分で作らなくてもいいんじゃないですか？

ところが、そううまくはいかないんだなー。記録したマクロを読み下しながら説明しよう

　chap5_2_1は記録されたマクロからSub～End Subを除いたものです。

■chap5_2_1

```
                アクティブなセル           R1C1形式の数式            設定しろ         文字列「ハロー！」
2   ActiveCell.FormulaR1C1  =  "ハロー！"
        セル範囲      文字列「B2」      選択しろ
3   Range("B2").Select
        ……と共に     選択中のセル範囲      フォント
4   With Selection.Font
                    テーマカラー            設定しろ           定数「xlThemeColorAccent2」
5       .ThemeColor  =  xlThemeColorAccent2
                    色調と陰        設定しろ  数値0
6       .TintAndShade  =  0
    ここまで
7   End With
```

164

読み下し文

2 **アクティブなセル**のR1C1形式の数式に、**文字列「ハロー！」**を設定しろ
3 **セルB2を選択しろ**
4 **選択中のセル範囲のフォント**と共に
5 （選択中のセル範囲のフォントの）テーマカラーに**定数「xlThemeColorAccent2」**を設定しろ
6 （選択中のセル範囲のフォントの）色調と陰に**数値0**を設定しろ
7 ここまで

　2行目のActiveCellプロパティ（137ページ参照）は、マクロ開始時点で選択されていたセルを指します。次の<u>FormulaR1C1（フォーミュラアールワンシーワン）プロパティ</u>は、R1C1というセル参照形式で書かれた数式を設定／取得するためのプロパティです。つまりこれは「ActiveCell.Value = "ハロー！"」と同じ意味です。

何で、ValueじゃなくてFormulaR1C1なんですか？

それはわからない。自分でマクロを書くときはValueかFormulaを使ったほうがいいだろうね

　3行目の「Range("B2").Select」は記録中にセルB2をクリックした操作が記録されたものです。<u>Select（セレクト）メソッド</u>はセル範囲を選択するメソッドです。
　4行目の<u>Selection（セレクション）プロパティ</u>は選択中のセル範囲を表すRangeオブジェクトを返します。ActiveCellプロパティに似ていますが、こちらは複数のセルを選択しているときにも使えます。

Selectで選択して、Selectionでそのセルを取得するってことですか。何か回りくどいですね

「マクロの記録」機能を使うと、SelectとSelectionのセットはよく出てくるんだよね

4〜7行目は文字色を設定している部分です。With文はChapter 4のコラムでも紹介しましたが（153ページ）、オブジェクトの指定を何度も書かずに済ませるためのものです。With文を使わない形だと次のようになります。

```
Selection.Font.ThemeColor = xlThemeColorAccent 2
Selection.Font.TintAndShade = 0
```

　ThemeColor（テーマカラー）プロパティが色の設定、TintAndShade（ティントアンドシェード）プロパティは色の濃さの設定です。Excel上で［テーマの色］と濃さの組み合わせを選んだので、マクロもその形になっているのですね。［標準の色］から選んだ場合はColor（カラー）プロパティが使われます。

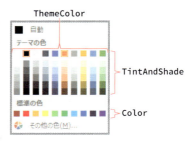

テーマカラーの定数

名前	値	説明
xlThemeColorAccent 1	5	強調 1
xlThemeColorAccent 2	6	強調 2
xlThemeColorAccent 3	7	強調 3
xlThemeColorAccent 4	8	強調 4
xlThemeColorAccent 5	9	強調 5
xlThemeColorAccent 6	10	強調 6
xlThemeColorDark 1	1	濃色 1
xlThemeColorDark 2	3	濃色 2
xlThemeColorFollowedHyperlink	12	表示済みのハイパーリンク
xlThemeColorHyperlink	11	ハイパーリンク
xlThemeColorLight 1	2	淡色 1
xlThemeColorLight 2	4	淡色 2

> 私が知りたかったのはこれですね！　Font.ThemeColorとFont.TintAndShade

記録したマクロを使いやすい形に直す

記録されたマクロで問題なのは、途中でセルを選択しているところだね

これだといつも同じセルに色が設定されてしまいますね

　記録したマクロを手直ししてみましょう。「Range("B2").Select」を削除します。ActiveCellとSelectionを使い分ける理由もあまりないので、Selectionで統一し、FormulaR1C1の代わりにValueを使用します。

■ chap5_2_2

```
2  Selection.Value = "ハロー！"
       選択中のセル範囲    値   設定しろ   文字列「ハロー！」

3  With Selection.Font
   ……と共に  選択中のセル範囲   フォント

4      .ThemeColor = xlThemeColorAccent2
          テーマカラー    設定しろ   定数「xlThemeColorAccent2」

5      .TintAndShade = 0
          色調と陰      設定しろ 数値0

6  End With
   ここまで
```

　chap5_2_1とそれほど変わらないので、読み下し文は省略します。これだけだとそれほど実用的ではありませんが、選択中のセルの文字色を自動的に変更する方法はわかりましたね。

注釈を書き込むためのコメント文

　「マクロの記録」機能で作成したマクロには、「'（アポストロフィ）」で始まる文がいくつかあります。これは「コメント文」といい、実行時は無視されます。マクロに注釈などを書き込んでおくために使用します。

NO 03 「表」を自動的に選択してマクロを実行する

よくやる作業を自動化するときのコツってありますか？

いろいろあるけど、「アクティブセル領域」と「現在の選択範囲」の使い方は覚えておくといいね

「マクロの記録」機能でフィルター機能を記録する

　下図のような表に対して、「商品」列の値が「りんご」のデータをフィルター機能で抽出する操作を記録してみましょう。元になる表のデータはchap5_3_1のサンプルファイルからコピーしておいてください。

「商品」列の値が「りんご」のデータをフィルター機能で抽出します。

　このような表形式のデータを扱う際には、1つコツがあります。それは、「表の周りのセルを1行、1列分だけ空けておく」ことです。そうしておくと、表内の任意のセルを選択し、Ctrl＋Shift＋＊キーを押すと表全体をすばやく選択できます。このような「空白で区切られ、連続するデータが入力されているセル範囲」を<u>アクティブセル領域</u>と呼びます。

　アクティブセル領域のいいところは、データの追加や削除によって表の行数／列数が増減しても、常に表全体を選択できる点です。

　では、この仕組みを頭に入れておいてマクロの記録を始めましょう。

表内のセル（セルＢ２など）を選択してから、［開発］タブの［マクロの記録］をクリックし、以下の操作を記録します。

❶ Ctrl + Shift + ＊ キーで表全体を選択

❷リボンの［ホーム］タブ-［並べ替えとフィルター］-［フィルター］をクリックしてフィルターを設定

❸「商品」列のフィルター矢印をクリックして「りんご」のデータのみを抽出

	A	B	C	D	E	F
1						
2		商品		価	数	小
3	1	りんご		200	48	9,600
6	4	りんご		200	60	12,000
7	5	りんご		200	72	14,400
10	8	りんご		200	24	4,800
11						

「商品」列の値が「りんご」のデータをフィルター機能で絞り込み表示した状態。

この手順を記録したのが以下のマクロです。

■chap5_3_1

2
選択中のセル範囲　　アクティブセル領域　　選択しろ
`Selection.CurrentRegion.Select`

3
選択中のセル範囲　　フィルターをかけろ
`Selection.AutoFilter`

4
アクティブなシート　　セル範囲　　文字列「$B$2:$F$10」
`ActiveSheet.Range("$B$2:$F$10"). _` 折り返し

フィルターをかけろ　列番号　を 数値2　抽出条件1　を　文字列「りんご」
`AutoFilter Field:=2,Criteria1:="りんご"`

読み下し文

2
選択中のセル範囲のアクティブセル領域を選択しろ

3
選択中のセル範囲に「フィルター」をかけろ

4
アクティブなシートのセル範囲B2:F10に、「列番号を『2』、抽出条件1を文字列『りんご』」としてフィルターをかけろ

記録された内容と操作の手順を照らし合わせると、Selectionが現在選択しているセル範囲を取得するプロパティ、CurrentRegion（カレントリージョン）がアクティブセル領域を取得するプロパティ、AutoFilterがフィルター機能を実行するメソッド、と予想ができます。これをもとに整理していきましょう。なお、「$B$2」のようにセルの列や行に「$」が付いているのは、Excelの絶対参照を意味しています。今回の場合、「$」がなくても結果は変わりません。

段階を踏んでマクロを整理する

　chap5_3_1の2行目のSelectメソッドで選択しているアクティブセル領域（セル範囲B2:F10）と、3行目のSelectionプロパティで取得しているセル範囲は同じです。つまりこの2つは次のようにまとめることができます。

■chap5_3_2

```
2  Selection.CurrentRegion.AutoFilter
     選択中のセル範囲    アクティブセル領域    フィルターをかけろ

3  ActiveSheet.Range("$B$2:$F$10"). _
     アクティブなシート   セル範囲    文字列「$B$2:$F$10」     折り返し
   AutoFilter Field:=2,Criteria1:="りんご"
     フィルターをかけろ   列番号  を 数値2  抽出条件1   を 文字列「りんご」
```

読み下し文

2　**選択中のセル範囲**のアクティブセル領域に、フィルターをかけろ

3　**アクティブなシート**の**セル範囲B2:F10**に、「**列番号を『2』、抽出条件1を文字列『りんご』**」としてフィルターをかけろ

前も説明したけど、記録したマクロには「Select」「Selection」のセットがよくある。これらはまとめてOK

　最後の文も見てみましょう。これはフィルター矢印をクリックして「りんご」という条件を指定した操作を記録したものです。ただし、「ActiveSheet.Range("$B$2:$F$10").」の部分をよく読むと、2行目で選択したアクティブセ

ル領域と同じセル範囲B2:F10を指しています。つまりこの部分は重複しているのでまとめることができます。

> 考えてみれば、AutoFilterメソッドを2回呼び出す必要もないですよね。1回目は引数なしで設定してるだけだし

> そうだね。そこもまとめちゃおう

その部分も整理すると、マクロは1つの文になってしまいます。

■ chap5_3_3

選択中のセル範囲　アクティブセル領域　フィルターをかけろ

2 `Selection.CurrentRegion.AutoFilter` 折り返し

列番号　を　数値2　　抽出条件1　を　文字列「りんご」
`Field:= 2, Criteria1:= "りんご"`

読み下し文

2 **選択中のセル範囲**のアクティブセル領域に、「列番号を『2』、抽出条件1を文字列『りんご』」としてフィルターをかけろ

これで完成です。簡潔になっただけでなく、「Range("$B$2:$F$10")」のようなセル範囲の指定がなくなったので、実際の表の形がどうであってもフィルターを設定できます。使い回しやすいマクロになったのです。

> なるほど！　これなら、表内のどこかを選択しておけば、ちゃんと表全体に対してフィルターをかけられるんですね

> そうだね。「Select」と「Selection」のセットをまとめる。Range("$B$2:$F$10")のように固定的にセルを指定する部分を減らす。この2つに注意してマクロを整理しよう

NO 04 新しいシートを追加してみよう

> マクロってシートを追加したり削除したりすることもできるんですよね？

> もちろん。ここからはシートの操作も含めたマクロを作っていこう

追加の基本は「コレクションにAdd」

次のマクロは、ブックに新規のシートを1枚追加する操作を「マクロの記録」機能で記録したものです。

■chap5_4_1

```
                シートの集まり  追加しろ    あと          アクティブなシート
2               Sheets.Add After:=ActiveSheet
```

読み下し文

2　**シートの集まり**の「**アクティブなシートのあと**」にシートを追加しろ

　Chapter 4で説明したメソッドの読み方にしたがえば、**Add（アッド）**が追加するメソッドで、**After（アフター）**は引数名とわかります。ただ、**Sheets（シーツ）**って何なのでしょうか？

　Sheetsはシートの**コレクション**を返すプロパティです。コレクションとは「何かのオブジェクトをまとめたオブジェクト」のことで、Sheetsであれば「ワークシートとグラフシートを合わせた**シートの集まり**」を指しています。

よく使うコレクションの例

コレクション名	用途	追加する際のマクロ例
Sheetsコレクション	グラフシートとワークシートを扱う	Sheets.Add
Worksheetsコレクション	ワークシートのみを扱う	Worksheets.Add
Workbooksコレクション	ブックを扱う	Workbooks.Add

　コレクションはたいてい「まとめて扱うオブジェクト名＋複数形の『s』」という名前になっています。ワークシート（Worksheetオブジェクト）の集まりなら<u>Worksheetsコレクション</u>、ブック（Workbookオブジェクト）の集まりなら<u>Workbooksコレクション</u>です。

　コレクションの使い方はある程度統一されていて、たいていはAddメソッドで追加できます（引数は種類によって異なります）。

コレクションの使い方は配列に似ている

　Chapter 3で説明した「配列」を覚えているでしょうか？　配列は複数の値を格納できるデータ型でしたね（114ページ参照）。コレクションと配列は厳密には違うものですが、考え方や使い方は似ています。

　Sheetsから1つのWorksheetオブジェクトを取り出したい場合は、「Sheets(○○)」のようにカッコを付け、その中にインデックスの数値か、シート名を書きます。配列の要素の取り出し方に似ていますね。ただし、**インデックスは1から始まります**。

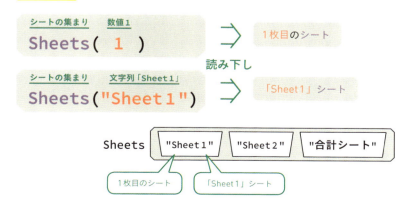

Excelでの自然な読み方を狙って、数値で指定するときは「○○枚目のシート」、シート名で指定するときは「『○○』シート」と読み下します。

追加したシートを変数に入れて操作する

新たにシートを追加したら、続けてシート名などの設定をしていくことが多いでしょう。たいていのコレクションのAddメソッドは戻り値として**新規作成したオブジェクトを返します**。それを変数に入れてしまえば、追加したオブジェクトをスムーズに操作できます。

次のマクロでは、追加したシートを変数shtにセットし、**Name（ネーム）プロパティ**を使ってシート名を設定しています。

■chap5_4_2

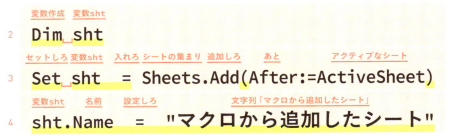

オブジェクトを変数に入れるので先頭にSetを書くのを忘れないでください。また、Addメソッドの戻り値を使うので引数をカッコで囲みます。

読み下し文

2 　**変数sht**を作成しろ

3 　**シートの集まり**の**「アクティブなシートのあと」**に追加したシートを、**変数sht**にセットしろ

4 　**変数sht**の**名前**に**文字列「マクロから追加したシート」**を設定しろ

「コレクション.Add」の戻り値で、そのままオブジェクトの設定をするのはとても便利。覚えておこう！

シートやブックを追加すると「アクティブなシート」が変わる

シートやブックを追加するマクロを覚えたての頃に、誰もが一度は経験するミスがあります。それは、「シートやブックを追加すると、その時点でアクティブなシートが変わる」という動きを知らないのが原因です。

次のマクロは、新規シートを追加し、そのシートにセル範囲B2:C3の内容をコピーする意図で作成したものです。

```
Dim newSht

Set newSht = Sheets.Add(After:=ActiveSheet)

Range("B2:C3").Copy Destination:=newSht.Range("B2")
```

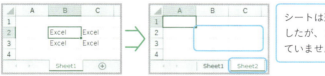

シートは追加されましたが、コピーされていません。

Addメソッドでシートを追加した時点で、アクティブなシートはSheet2に変わります。そのため、「Sheet2からSheet2にコピーする指示」になってしまっているのです。この問題を避けるには、シートを追加する前に、コピー元のセル範囲を変数にセットしておきます。

```
Dim copyRng, newSht

Set copyRng = Range("B2:C3")   ── Sheet1のB2:C3を変数copyRngにセット

Set newSht = Sheets.Add(After:=ActiveSheet)

copyRng.Copy Destination:=newSht.Range("B2")
```

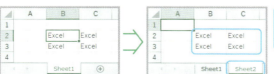

追加したシートにコピーされました。

No 05 コピー&貼り付けを極めよう

ところで、「形式を選択して貼り付け」って知ってる?

普通のExcelの機能じゃないですか。知ってますよ。「値の貼り付け」とかでしょ

じゃあ、それをマクロでやってみよう

まずは自動記録してみる

「形式を選択して貼り付け」は、数式ではなく値(計算結果)だけ貼り付けるといった特殊な貼り付けができる機能です。セルをコピーした状態で[ホーム]タブの[貼り付け]の[▼]をクリックすると貼り付け形式を選ぶことができます。

単独でもとても便利な機能ですが、マクロと組み合わせればさらに高度なことができるようになります。

「マクロの記録」機能を使って、「値の貼り付け」と「書式の貼り付け」を記録してみてください。マクロを確認したいだけなので、コピーする表はどんなものでもかまいません。

記録したマクロから貼り付ける部分のみを抜き出すと次のとおりです。まずは値のみの貼り付けです。

■chap5_5_1

```
Selection.PasteSpecial _
        Paste:=xlPasteValues, _
        Operation:=xlNone, _
        SkipBlanks:=False, Transpose:=False
```

続いて書式の貼り付けです。

■chap5_5_2

```
Selection.PasteSpecial _
        Paste:=xlPasteFormats, _
        Operation:=xlNone, _
        SkipBlanks:=False, Transpose:=False
```

　記録したマクロを見てわかることは、「形式を選択して貼り付け」機能を実行するのはPasteSpecial（ペーストスペシャル）メソッドであること、引数Paste（ペースト）に指定する定数によって、貼り付け形式を選べるということです。この2つがわかれば十分です。

　残りの3つの引数はそれほど重要ではないので、今回は無視してください。省略時は無効を意味する定数xlNoneやFalseが規定値になるので、直接マクロを書くときは省略してかまいません。ちなみにすべての引数を省略すると、通常の貼り付けと同じ結果になります。

PasteSpecialメソッドの引数Pasteに指定する定数

名前	値	説明
xlPasteAll	-4104	すべてを貼り付ける（通常の貼り付け）
xlPasteAllExceptBorders	7	輪郭以外のすべてを貼り付ける
xlPasteAllMergingConditionalFormats	14	すべてを貼り付け、条件付き書式をマージする
xlPasteAllUsingSourceTheme	13	ソースのテーマを使用してすべてを貼り付ける
xlPasteColumnWidths	8	コピーした列の幅を貼り付ける
xlPasteComments	-4144	コメントを貼り付ける
xlPasteFormats	-4122	コピーしたソースの形式を貼り付ける
xlPasteFormulas	-4123	数式を貼り付ける
xlPasteFormulasAndNumberFormats	11	数式と数値の書式を貼り付ける
xlPasteValidation	6	入力規則を貼り付ける
xlPasteValues	-4163	値を貼り付ける
xlPasteValuesAndNumberFormats	12	値と数値の書式を貼り付ける

他のシートに値のみを貼り付ける

　形式を選択して貼り付けを利用して、Sheet1からSheet2へ表の「書式のみ」を貼り付けてみましょう。表が必要になるのでサンプルファイルからコピーしておいてください。なお、このマクロは**2枚目のシートがない場合は実行時エラーが発生する**ので、必ず2枚以上のシートがあるブックで実行してください。

■chap5_5_3

2
シートの集まり　数値1　　セル範囲　　文字列「B2」　　　　アクティブセル領域　　コピーしろ
```
Sheets(1).Range("B2").CurrentRegion.Copy
```

3
シートの集まり　数値2　　セル範囲　　文字列「B2」　　「形式を選択して貼り付け」しろ
```
Sheets(2).Range("B2").PasteSpecial _
```
折り返し

貼り付け形式　を　　　　定数「xlPasteFormats」
```
Paste:=xlPasteFormats
```

読み下し文

2 **1枚目のシートのセルB2のアクティブセル領域をコピーしろ**

3 **2枚目のシートのセルB2に、「貼り付け形式を定数『xlPasteFormats』」として「形式を選択して貼り付け」しろ**

2行目でSheet1の表をコピーしています。Copyメソッドに引数を指定しない場合はクリップボードにコピーされます（144ページ参照）。3行目でSheet2に対して「形式を選択して貼り付け」を実行します。

実行すると一瞬で書式の貼り付けが完了します。

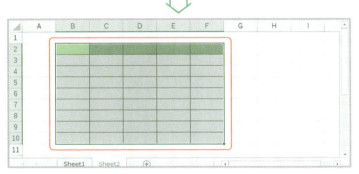

いつ実行したのかわからないぐらい一瞬で終わるんですね

Selectメソッドがないので途中でシートが切り替わらないからね。無駄を減らせばこれだけ速くなるんだよ

NO 06 一連の操作をつなげた大きめなマクロを作ろう

ここまで小さなマクロをいくつか作ってきたけど、それをつなげて少し大きなマクロを作ってみよう

大きなマクロですか！　うまくできるかな……

マクロのゴールを決めて手順を考える

　Chapter 5では、「マクロの記録」機能を使いながら、小さなマクロをいくつか作成してきました。これらを組み合わせて1つの大きなマクロを作成してみましょう。

　まず下図のように1枚のシートを持つブックを用意してください。chap5_6_1のサンプルファイルからコピーするといいでしょう。これにフィルターをかけて「りんご」の行だけを抽出し、新規シートにコピーします。

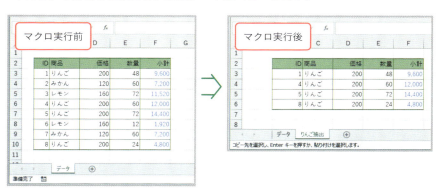

　フィルターをかけた状態でコピーした場合、表示されている行だけが貼り付けられる性質を利用します。

　まずは、作業の手順を整理しましょう。大まかに考えると次の手順に整理できます。どれも今まで作成してきたマクロから応用できますね。

❶転記先のシートを追加する
❷表形式のデータ範囲にフィルターをかける
❸表形式のデータ範囲をコピーする
❹転記先のシートへと貼り付ける

流れに沿ってマクロを書いてみよう

実際のマクロに展開します。最初に新しいシートをセットするための変数newShtと、コピー元のセル範囲をセットするための変数copyRngを作成します。そのあとが実際の作業で、❶にあたるのが3行目、❷にあたるのが4〜5行目、❸にあたるのが6行目、❹にあたるのが7行目です。

■chap5_6_1

```
変数作成     変数newSht          変数copyRng
2  Dim newSht, copyRng

セットしろ   変数newSht  入れろ シートの集まり 追加しろ     あと        シートの集まり 数値1
3  Set newSht = Sheets.Add(After:=Sheets(1))

セットしろ   変数copyRng  入れろ
4  Set copyRng = _  折り返し

              シート指定  数値1    セル範囲   文字列「B2」        アクティブセル領域
       Sheets(1).Range("B2").CurrentRegion

   変数copyRng     フィルターをかけろ
5  copyRng.AutoFilter _  折り返し

              列番号   を 数値2    抽出条件1     を  文字列「りんご」
       Field:=2, Criteria1:="りんご"

   変数copyRng   コピーしろ
6  copyRng.Copy

   変数newSht    セル範囲   文字列「B2」  「形式を選択して貼り付け」しろ
7  newSht.Range("B2").PasteSpecial

   変数newSht   名前   設定しろ   文字列「りんご抽出」
8  newSht.Name  =  "りんご抽出"
```

Chap.
5
オブジェクトを調べて
VBAを使いこなそう

読み下し文

2 　変数copyRngと変数newShtを作成しろ

3 　シートの集まりの「1枚目のシートのあと」に追加したシートを、変数newShtにセットしろ

4 　1枚目のシートのセルB2のアクティブセル領域を変数copyRngにセットしろ

5 　変数copyRngに、「列番号を『2』、抽出条件1は文字列『りんご』」としてフィルターをかけろ

6 　変数copyRngをコピーしろ

7 　変数newShtのセルB2に「形式を選択して貼り付け」しろ

8 　変数newShtの名前を文字列「りんご抽出」に設定しろ

マクロを実行してみましょう。新規シートに抽出結果が貼り付けられれば成功です。

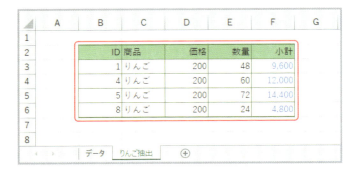

「りんご」だけの表がコピーされましたね

抽出条件を「みかん」や「レモン」に変えて試してみよう

フィルター＆コピー処理のあと始末をしよう

さて、首尾よくフィルター＆コピーを行うマクロが作成できました。マクロを実行し終わったときには、新規作成した「りんご抽出」シートがアクティブになっていますが、ここで、コピー元のデータがある1枚目のシートの状態を確認してみましょう。

▲	A	B	C	D	E	F	G
1							
2		▼	商品	▼	価	▼	数	▼	小	▼
3		1	りんご	200	48	9,600	
6		4	りんご	200	60	12,000	
7		5	りんご	200	72	14,400	
10		8	りんご	200	24	4,800	
11							

> マクロ実行後は「フィルターかけっぱなし」「コピーしっぱなし」の状態になっています。

すると、フィルターはかかりっぱなしの上に、セルをコピーしたときに表示される、青い点線表示が残ったままですね。このままでもかまいませんが、せっかくなので、フィルターの表示されていない、コピー用の点線が表示されていない状態にしてしまいましょう。

先ほど作成したchap5_6_1の末尾に、以下を付け加えます。

■chap5_6_2（追加箇所のみ）

```
9   copyRng.AutoFilter

10  Application.CutCopyMode = False

11  Sheets(1).Select
```

- 9 … 変数copyRng / フィルターかけろ
- 10 … アプリケーション / カットコピーモード / 設定しろ / 真偽値False
- 11 … シートの集まり / 数値1 / 選択しろ

読み下し文

- 9 変数copyRngにフィルターをかけろ
- 10 アプリケーションのカットコピーモードに真偽値Falseを設定しろ
- 11 1枚目のシートを選択しろ

すでにフィルターのかかっているセル範囲に対して、AutoFilterメソッドを引数なしで実行すると、フィルターを解除できます。
　Application（アプリケーション）プロパティは、Excel全体の状態や設定を管理するApplicationオブジェクトを返します。その**CutCopyMode（カットコピーモード）プロパティ**にFalseを設定すると、コピー時の点線表示をオフにできます。
　マクロの最後に、1枚目のシートをアクティブにする処理も付け加えてみました。これで、マクロ実行後は、1枚目の「データ」シートが表示され、フィルター矢印もコピーモードの点線も表示されていない状態となります。

	A	B	C	D	E	F	G
1							
2		ID	商品	価格	数量	小計	
3		1	りんご	200	48	9,600	
4		2	みかん	120	60	7,200	
5		3	レモン	160	72	11,520	
6		4	りんご	200	60	12,000	
7		5	りんご	200	72	14,400	
8		6	レモン	160	12	1,920	
9		7	みかん	120	60	7,200	
10		8	りんご	200	24	4,800	
11							

データ　りんご抽出

ずいぶんとすっきりしましたね！

そうだね。こういった「あと始末」は、実際に1回マクロを動かしてみないと、状態がわからないからね。確認してから、対処するマクロを付け加えるようにするといいよ

わかりました！

大まかな流れを先にコメント文で書いておこう

少し複雑なマクロを書く場合は、先に流れを整理しておくことが大切です。メソッドやプロパティを書き始める前に、先に大まかな流れを箇条書きにして、コメント文で書き込んでおきましょう。各コメントのあとに実際の処理を書いていきます。

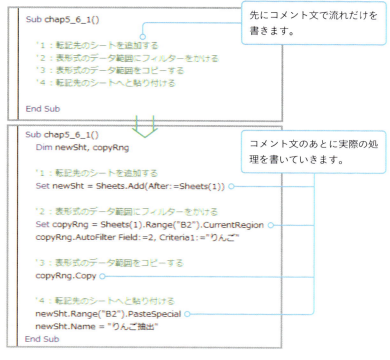

入力済みの文をコメント文に簡単に切り替える方法も説明しておきましょう。VBEのメニューから［表示］-［ツールバー］-［編集］を選択すると、［編集］ツールバーが表示されます。このツールバーの［コメントブロック］をクリックすると、コードウィンドウ内で選択している行を一括してコメント化できます。その右にある［非コメントブロック］をクリックすると、コメント化を解除できます。

NO 07 余分なシートを削除してみよう

> 最後にシートの削除のやり方を説明しよう。追加に比べて気にしないといけないことがいくつかあるんだ

> 追加の逆だから同じようにできそうですけどね。それだけじゃないんですね

「削除」はたいていDeleteメソッド

　Chapter 5-6では「りんご抽出」シートを新規作成しました。ところがこのマクロを再び実行すると実行時エラーになってしまいます。すでに「りんご抽出」シートが存在するのに、<u>同じ名前をシートに付けようとするため</u>です。

　そこで、「りんご抽出」シートを削除するマクロを作成してみましょう。シートを削除するには、削除したいシートのオブジェクトに対して<u>Delete（デリート）メソッド</u>を呼び出します。

■chap5_7_1

<small>シートの集まり　　文字列「りんご抽出」　　　削除しろ</small>

2 `Sheets("りんご抽出").Delete`

読み下し文

2 **「りんご抽出」シートを削除しろ**

> 削除はたいていどのオブジェクトでも「Deleteメソッド」を使うんだ

> 「追加はコレクションにAdd」「削除はオブジェクトにDelete」ですね！

削除時にはダイアログボックスが表示される

ところで、シートの削除処理には1つ問題があるんだ

　前ページのマクロを実行すると、手作業でシートを削除しようとした際と同じように、「本当にシートを削除していいのか」を問い合わせるダイアログボックスが表示されます。[削除]をクリックすればシートが削除され、[キャンセル]をクリックすれば削除を取りやめます。

シート削除時に確認ダイアログボックスが表示されます。

　大切なデータが入力してあるシートをうっかり削除してしまわないための仕様ですが、マクロの実行中に表示されると、削除処理のたびにボタンをクリックしなければいけません。これは少し面倒です。
　このようなケースでは、Excel全体設定のうちの1つである、「警告メッセージの表示」を一時的にオフにしてしまいましょう。

Excel全体の機能や設定を管理するApplicationオブジェクト

　特定のセルやシート、ブックの設定ではなく、Excel全体の設定を行いたい場合は、<u>Application（アプリケーション）　オブジェクト</u>を利用します。Applicationオブジェクトに用意されているさまざまなプロパティで、各種の設定を変更できます。

```
Application.各種設定プロパティ　=　設定値
```

Applicationプロパティで
Applicationオブジェクトを
取得する

さまざまな設定のためのプロパティ
が用意されている

オン／オフで切り替えられる設定は、オンにしたいときは「True」を指定し、オフは「False」を指定します。

よく使う設定用のプロパティ

プロパティ名	用途	指定方法
DisplayAlertsプロパティ	警告メッセージの表示	オン（True）／オフ（False）
CutCopyModeプロパティ	コピー操作時の状態	オン（True）／オフ（False）
ScreenUpdatingプロパティ	マクロ実行中の画面更新	オン（True）／オフ（False）

この仕組みを踏まえ、DisplayAlerts（ディスプレイアラーツ）プロパティを利用して、警告メッセージを表示することなくシートを削除してみましょう。

■chap5_7_2

読み下し文

2　アプリケーションの警告表示設定に真偽値Falseを設定しろ

3　「りんご抽出」シートを削除しろ

4　アプリケーションの警告表示設定に真偽値Trueを設定しろ

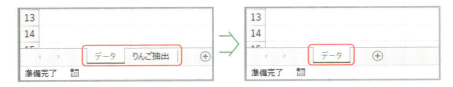

これなら確認のたびにマクロが中断することもなくなりますね

マクロ内では、DisplayAlertsプロパティによる警告表示設定をいったんオフにし、削除を行ったあとで、すぐに再びオンにしています。削除以外もさまざまな警告表示がオフになってしまうので、警告メッセージが表示されない期間をできるだけ限定するためです。

警告メッセージが表示される操作や機能は、取り返しがつかない場合が多いですからね

そうだね。オフにしたままだと、他のマクロ操作で、予想外の取り返しがつかないことが起きる可能性があるんだ

ちなみにマクロが終了すると、警告表示設定はオンに戻りますが、マクロ実行中に他の警告表示を止めないように、早めにオンに戻しておきましょう。

Applicationオブジェクトでできることはいろいろある

Applicationオブジェクトで管理されているのは、設定項目ばかりではありません。各種の「場所を問わず、呼び出したい便利な機能」も登録されています。例えば、引数に指定したセルにすばやく移動するGoTo（ゴートゥ）メソッド。次のマクロは、アクティブなシートの位置に関わらず、2枚目のシートのセルA1へ画面を移動します。説明済みのSelectメソッドでもできそうな気がしますが、Selectメソッドでは先に目的のシートに切り替える必要があるので、「Sheets(2).Select」と「Range("A1").Select」を書く必要があります。

> Application.Goto Sheets(2).Range("A1")

そして、ワークシート関数になじみの深い人にとってはとても便利なWorksheetFunction（ワークシートファンクション）オブジェクトも、Applicationオブジェクト経由で利用できます（Application.は省略可能です）。例えば、次のマクロは、ワークシート関数のSUM関数の結果を表示します。

> Debug.Print Application.WorksheetFunction.Sum(Range("A1:A10"))

他にもApplicationオブジェクトには、「どこからでも使えて、かゆいところに手が届く」機能がまとめられています。興味のある方は、書籍やネットで調べてみましょう。

NO 08 エラーに対処しよう⑤

マクロを実行すると、エラーメッセージは表示されないんですが、結果が思ったものと違うんですよね……

「論理エラー」があるんだね。VBEに用意されているツールを使ってエラーの原因を突き止めていこう

論理エラーをステップ実行で追い詰める

「論理エラー」とは、<u>マクロの文法的には問題がないけれど、意図した結果とならない</u>エラーです。例えば、次のマクロはセルB3:C3に値を入力する意図のマクロですが、指定するセルを間違えています。

■ chap5_8_1

```
    セル範囲    文字列「B3」    値   設定しろ  文字列「りんご」
2   Range("B3").Value  =  "りんご"
    セル範囲    文字列「C3」    値   設定しろ  数値160
3   Range("C3").Value  =  160
    セル範囲    文字列「D4」    値   設定しろ  数値12
4   Range("D4").Value  =  12
```

間違った位置に数値を表示しています。

論理エラーは文法的に問題ないため、Excel側では「書かれたとおりに」マクロを実行し、特に警告メッセージを表示することはありません。

> この例は短いからどこがおかしいのかすぐにわかるけど、マクロが長くなってくると意外と見つけにくいんだ

　こんなときに役に立つのが、**ステップ実行機能**です。ステップ実行機能は、ボタンをクリックするたびにマクロを1行ずつ実行し、その行のマクロの実行結果を確かめながら進められる機能です。

　ステップ実行を行うには、ステップ実行を行いたいマクロを選択し、［デバッグ］-［ステップイン］を選択するか、F8キーを押します。すると、マクロのタイトル部分が黄色くハイライトされ、実行待機状態となります。以降、F8キーを押すたびに、マクロの内容が1行ずつ実行されていきます。

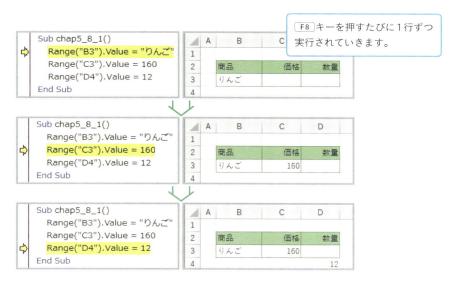

　これなら、論理エラーが発生した際も、「どの行のマクロの時点でうまくいかなかったのか」を突き止めることができますね。

> これは便利！　3行目のマクロが間違っていたみたいです。「D4」の部分を「D3」にすればOKでした！

> デバッグのときだけでなく、自動記録したマクロの動きを1行1行確認するときにも役に立つよ

NO 09 オブジェクトについての辞書の引き方・調べ方

最後に、VBAのオブジェクトやプロパティ・メソッドをより詳しく調べる方法を2つ紹介するよ。今は必要ないかもしれないけど、将来的にきっと役に立つはずさ

VBAのリファレンスの引き方

　VBAのリファレンス（辞書）は、Microsoft社のWebページで公開されています。下の画面の左端の［オブジェクトモデル］をクリックするとオブジェクトの一覧が表示されるので、そこから調べたいものを探しましょう。

Excel VBAのリファレンスページ（https://msdn.microsoft.com/ja-jp/VBA/VBA-Excel ）

　プロパティやメソッドのページには、用途やサンプルコードと一緒に、引数の一覧と順番、引数名などの情報が記載されています。ネット上には公式以外にも情報源がありますが、正式な仕様や仕組み、想定されている使い方を知りたい場合は、このリファレンスで調べるのが一番です。

AutoFilterメソッドのページ。引数の数や順番、引数名などの情報が記載されています。

リファレンスがあるのは心強いですけど、まず、何を調べたらいいのか自体がわからないんですけど……

まずは、自分のやりたい処理を「マクロの記録」機能で記録して、わからない名称を探してみるといいよ

　VBEのコードウィンドウで、リファレンスで意味を調べたい部分にカーソルを置いて F1 キーを押すと、その単語のリファレンスを表示してくれます。

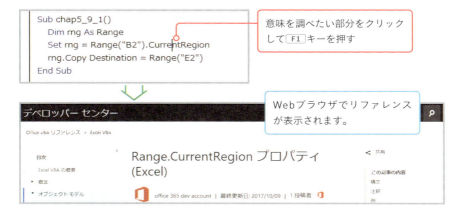

意味を調べたい部分をクリックして F1 キーを押す

Webブラウザでリファレンスが表示されます。

これなら興味あるものから手軽に調べられますね！

そうだね。VBEが「たぶんこれかな？」というページを表示するから、必ずしも意図どおりの情報が表示される場合ばかりじゃないけど、とても役に立つ機能だよ

オブジェクトブラウザーで検索する

VBEのメニューから［表示］-［オブジェクトブラウザー］を選択するか、F2 キーを押すと、**オブジェクトブラウザー**が表示されます。これを使ってオブジェクトやプロパティ、メソッドを調べることができます。

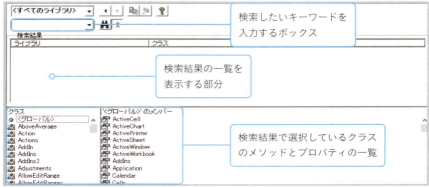

オブジェクトブラウザー

左上の双眼鏡アイコンの隣にあるボックスに、検索したいキーワードを入力し、双眼鏡アイコンをクリックすると、そのキーワードを含むものが一覧表示されます。

 Googleなどの検索エンジンで検索する操作に似ているね

なるほど。キーワードで検索できるわけですね

 そうだね。検索エンジンと違って、1単語しか入力できないけど、「確かcurrentなんとかという名前なんだけど…」という場合でも「current」だけで検索することもできるよ

例えば、「copy」を検索すると、たくさんのオブジェクトに用意された「copy」という単語を持つプロパティやメソッドが［検索結果］に表示されます。オブジェクトブラウザーの**「クラス」という用語はオブジェクトを指す**と考えてください。その中から、RangeオブジェクトのCopyメソッドを探してクリックすると、下段にその情報が表示されます。

194

NO.
09

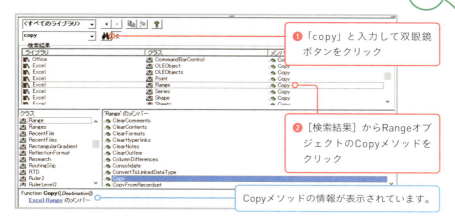

① 「copy」と入力して双眼鏡ボタンをクリック

② [検索結果]からRangeオブジェクトのCopyメソッドをクリック

Copyメソッドの情報が表示されています。

ここで、下端の情報に注目してみましょう。

Function Copy([Destination])

Excel.Range のメンバー

これは、「Copyメソッドが、Destinationという名前の引数を1つだけ持つメソッド」であることを示しています。引数が [ ]（角カッコ）で囲まれているのは「省略可能」を意味します。だいぶシンプルですが、プロパティやメソッドの使うために何が必要かがわかるのです。

オブジェクトブラウザーは、関数・プロパティ・メソッドの詳細な引数を知りたいときに役に立つんだ

オブジェクトの階層を意識しよう

Excelではブックの中にシートがあり、シートの中にセルがあります。同じようにVBAのオブジェクトも「WorkbookオブジェクトのWorksheetオブジェクトのRangeオブジェクトのFontオブジェクト」というように、階層をたどって指定できます。つまり、上位のオブジェクトは、下位にあるオブジェクトにアクセスするためのプロパティを持っているということです。これを「オブジェクトの階層」といいます。

本書ではあまり階層を強調せずに説明してきましたが、階層のイメージがあると目的のオブジェクトやプロパティを探しやすくなります。

あとがき（本書を読み終えたあとに）

最初にこの書籍を企画したときは、「ふりがなを振ればやさしくなるから、説明も少なくてすむだろう」と思っていました。ところが実際に執筆をはじめると、「このキーワードには、どうふりがなを振ればいいの？」「そもそもこのキーワードの語源は何？」といった疑問が次々と湧いてきます。よく考えてみれば、プログラミング言語に日本語でふりがなを振るというのは一種の翻訳ですから、細かな文法の理解がそれなりに必要になるのも当然です。それらを反映した結果、入門書にしてはプログラミング言語の細部に踏み込んだ本になったと感じています。

本書を読み終えた皆さんにおすすめしたいのが、本書のサンプルよりも長いプログラムに、自分でふりがなを振ってみることです。Web上で公開されているプログラムでもいいですし、他のプログラミング入門書のサンプルでもかまいません。読み解くポイントは、まず「予約語」「変数」「関数・メソッド」「演算子」「引数」などの種別を明らかにすることです。文字で書き込んでもいいですし、マーカーで色分けしてもいいと思います。そのあとで、言語のリファレンスページなども見ながら、わかるところにふりがなを書き込んでいきます。100%ふりがなを入れなくても、だいたいの処理の流れはつかめるはずです。

また、本書は「一語一語の意味を説明すること」にリソースを全振りしているので、「その上」のことにはあまり触れていません。日本語や英語でも言葉を知るだけでは自由に文章を書けるようにはならないのと同じく、プログラミングにもその上があります。いろいろな書籍が刊行されていますので、ぜひ次のステップとして挑戦してみてください。本書が皆さまのプログラミング入門のよい入り口となれば幸いです。

最後に執筆協力いただいた古川順平様をはじめとして、本書の制作に携わった皆さまに心よりお礼申し上げます。

2018年9月　リブロワークス

索引 | INDEX

記号

*（アスタリスク）	028
&（アンド）	029
=（イコール）	037, 075
[ ]（角カッコ）	195
,（カンマ）	039, 051
:=（コロンとイコール）	145
/（スラッシュ）	028
"（ダブルクォート）	020
.（ドット）	133
+（プラス）	027
-（マイナス）	027

A

ActiveCellプロパティ	137, 165
Addメソッド	172
And演算子	082
Applicationオブジェクト	187
Applicationプロパティ	184
Array関数	114
AutoFilterメソッド	146

C

Cellsプロパティ	137
ClearContentsメソッド	140
Colorプロパティ	166
ColumnWidthプロパティ	138
CurrentRegionプロパティ	170
CutCopyModeプロパティ	184

D

Debug.Printメソッド	020
Deleteメソッド	140, 186
Diffchecker	057
diffツール	057
Dim文	037
DisplayAlertsプロパティ	188
Do While文	100

E

ElseIf句	076
Else句	068
End If	064
End Sub	019

Exit Doステートメント	109
Exit Forステートメント	109
Exit Sub	091

F

False	061
Fontプロパティ	139
For Each文	118
FormulaR1C1プロパティ	165
For文	104

I

If文	064
InputBox関数	046
IsNumeric関数	062

J・L・M

Join関数	117
Loop	100
Mod演算子	028

N

Nameプロパティ	174
Next	104
Not演算子	085

O・P・R

Option Explicit	093
Or演算子	084
PasteSpecialメソッド	177
Rangeオブジェクト	135
Rangeプロパティ	135

S

Selectionプロパティ	165
Selectメソッド	165
Set	150
Sheets	172
Split関数	117
Step	108
Sub	019
Subプロシージャ	024

T

ThemeColorプロパティ	166
Then	064
TintAndShadeプロパティ	166

True	061

V

Valueプロパティ	135
VBA	010
VBAのリファレンス	192
VBE	015

W

While	100
With文	153, 166
Workbooksコレクション	173
Worksheetsコレクション	173

あ行

アクティブセル領域	168
イミディエイトウィンドウ	016, 022
インデックス	115
インデント	067
演算子	026
オブジェクト	132
オブジェクトブラウザー	194

か行

カウンタ変数	106
組み込み定数	143
クラス	194
繰り返し文	098
形式を選択して貼り付け	176
コードウィンドウ	016
コメント文	167, 185
コレクション	172
コンパイル	056
コンパイルエラー	054

さ行

実行時エラー	154
条件式	064
真偽値	061
ステップ実行	191

た行

データ型	041
定数	143
デバッグ	155

な行

名前付き引数	145

は行

配列	114
比較演算子	072
引数	050
フローチャート	060
プロシージャ	024
プロジェクトエクスプローラー	017
ブロック	064
プロパティ	133
プロパティウィンドウ	016
変数	036

ま行

マクロ	010
マクロの記録	162
無限ループ	103, 126
メソッド	020, 133
モジュール	017
文字列	020
戻り値	050

や行

予約語	025

ら行

リセット	056
ループ	098
論理エラー	190
論理演算子	082

わ行

ワークシート関数	011

本書サンプルプログラムのダウンロードについて

本書で使用しているサンプルプログラムは下記の本書サポートページからダウンロードできます。zip形式で圧縮しているので、展開してからご利用ください。

● **本書サポートページ**

https://book.impress.co.jp/books/1118101059

1 上記URLを入力してサポートページを表示
2 ダウンロード をクリック
画面の指示にしたがってファイルをダウンロードしてください。
※Webページのデザインやレイアウトは変更になる場合があります。

STAFF LIST

カバー・本文デザイン
　　　　松本 歩（細山田デザイン事務所）
カバー・本文イラスト
　　　　加納徳博
DTP　株式会社リブロワークス
　　　　関口 忠

デザイン制作室　今津幸弘
　　　　　　　　鈴木 薫
制作担当デスク　柏倉真理子

企画　株式会社リブロワークス
編集　大津雄一郎（株式会社リブロワークス）

編集長　柳沼俊宏

■商品に関する問い合わせ先

インプレスブックスのお問い合わせフォームより入力してください。

https://book.impress.co.jp/info/

上記フォームがご利用頂けない場合のメールでの問い合わせ先

info@impress.co.jp

- ●本書の内容に関するご質問は、お問い合わせフォーム、メールまたは封書にて書名・ISBN・お名前・電話番号と該当するページや具体的な質問内容、お使いの動作環境などを明記のうえ、お問い合わせください。
- ●電話やFAX等でのご質問には対応しておりません。なお、本書の範囲を超える質問に関しましてはお答えできませんのでご了承ください。
- ●インプレスブックス（https://book.impress.co.jp/）では、本書を含めインプレスの出版物に関するサポート情報などを

提供しておりますのでそちらもご覧ください。
- ●該当書籍の奥付に記載されている初版発行日から3年が経過した場合、もしくは該当書籍で紹介している製品やサービスについて提供会社によるサポートが終了した場合は、ご質問にお答えしかねる場合があります。
- ●本書の利用によって生じる直接的あるいは間接的被害について、著者ならびに弊社では一切の責任を負いかねます。あらかじめご了承ください。

■落丁・乱丁本などのお問い合わせ先

TEL：03-6837-5016
FAX：03-6837-5023
service@impress.co.jp

（受付時間 10:00-12:00／13:00-17:30、土日・祝祭日を除く）
- ●古書店で購入されたものについてはお取り替えできません。

■書店／販売店の窓口

株式会社インプレス 受注センター
TEL：048-449-8040
FAX：048-449-8041

株式会社インプレス 出版営業部
TEL：03-6837-4635

スラスラ読める Excel VBAふりがなプログラミング

2018年9月21日　初版発行
2019年6月1日　第1版第3刷発行

著　者　リブロワークス
発行人　小川　享
編集人　高橋隆志
発行所　株式会社インプレス
　　　　〒101-0051　東京都千代田区神田神保町一丁目105番地
　　　　ホームページ　https://book.impress.co.jp/
印刷所　音羽印刷株式会社

本書は著作権法上の保護を受けています。本書の一部あるいは全部について（ソフトウェア及びプログラムを含む）、株式会社インプレスから文書による許諾を得ずに、いかなる方法においても無断で複写、複製することは禁じられています。

Copyright ©2018 LibroWorks Inc. All rights reserved.
ISBN978-4-295-00481-3 C3055
Printed in Japan